全国环境监测培训系列教材

土壤环境监测技术

中国环境监测总站　编

中国环境出版集团・北京

图书在版编目（CIP）数据

土壤环境监测技术/中国环境监测总站编. —北京：中国环境出版集团，2014.1（2024.8 重印）
全国环境监测培训系列教材
ISBN 978-7-5111-1712-0

Ⅰ. ①土… Ⅱ. ①中… Ⅲ. ①土壤环境—环境监测—技术培训—教材 Ⅳ. ①X833

中国版本图书馆 CIP 数据核字（2013）第 312961 号

责任编辑 曲 婷
责任校对 任 丽
封面设计 陈 莹

出版发行 中国环境出版集团
（100062 北京市东城区广渠门内大街 16 号）
网 址：http://www.cesp.com.cn
电子邮箱：bjgl@cesp.com.cn
联系电话：010-67112765（编辑管理部）
发行热线：010-67125803，01067113405（传真）
印 刷 北京中科印刷有限公司
经 销 各地新华书店
版 次 2013 年 12 月第 1 版
印 次 2024 年 8 月第 4 次印刷
开 本 787×1092 1/16
印 张 12.5
字 数 296 千字
定 价 38.00 元

中国环境出版集团郑重承诺：
中国环境出版集团合作的印刷单位、材料单位均具有中国环境标志产品认证。

《全国环境监测培训系列教材》

编审委员会

《土壤环境监测技术》

编写委员会

主　　编：赵晓军　陆泗进

副 主 编：何立环　张榆霞

编　　委：（以姓氏笔画为序）

马广文　于　洋　王英英　王晓斐　田贵全　齐　杨

刘卫红　刘　烁　刘景泰　刘海江　刘　赞　仲　夏

孙　聪　孙静萍　毕军平　吴文晖　李合义　李晓红

李爱民　李艳红　张　妍　陈素兰　黄　娟　曹惠明

董贵华　彭福利

序

党的十八大把生态文明建设纳入中国特色社会主义事业总体布局，提出建设美丽中国的宏伟目标。环境保护作为生态文明建设的主阵地和根本措施，迎来了难得的发展机遇。环境监测是环保事业发展的基础性工作，“基础不牢，地动山摇”。环境监测要成为探索环保新路的先锋队和排头兵，必须建设一支业务素质强、技术水平高、工作作风硬的环境监测队伍。

我国各级环境监测队伍现有人员近6万人，肩负着“三个说清”的重任，奋战在环保工作的最前沿。我部高度重视监测队伍建设和人员培训工作，先后印发了《关于加强环境监测培训工作的意见》、《国家环境监测培训三年规划(2013—2015年)》，并启动实施了环境监测大培训。

为进一步提升环境监测培训教材的水平，环境监测司会同中国环境监测总站组织全国环境监测系统的部分专家，编写了全国环境监测培训系列教材。这套教材深入总结了30多年来全国环境监测工作的理论与实践经验，紧密结合当前环境监测工作实际需要，对环境监测各业务领域的基础知识、基本技能进行了全面阐述，对法律法规、规章制度和标准规范做了系统论述，对在监测管理和技术工作中遇到的重点和难点问题进行了详细解答，具有很强的科学性、针对性和指导性。

相信这套教材的编辑出版，将会更好地指导全国环境监测培训工作，进一步提高环境监测人员的管理和业务技术能力，促进全国环境监测工作整体水平的提升。希望全国环境监测战线的同志们认真学习，刻苦钻研，不断提高自身能力素质，为推进环境监测事业科学发展、建设生态文明做出新的更大的贡献！

吴晓青

2013年9月9日

序

前 言

《土壤环境监测技术》分册是全国环境监测培训系列教材之一。近年来，随着环境监测领域的不断扩展，土壤环境质量例行监测和农村环境土壤监测已被纳入到全国监测重点工作。相对于大气和水环境监测而言，我国土壤环境监测工作起步晚，各级监测站的人才和技术储备不足，设备能力相对薄弱，技术培训工作成了当务之急。

为了更好地开展全国土壤环境监测技术培训，增强培训效果，在中国环境监测总站的统一指导下，我们组织有关专家，收集整理了国内外土壤环境监测技术方法的最新研究进展，特别是重点筛选了“十一五”期间全国土壤污染状况调查被广泛应用的技术方法，编写了本教材。全书分 9 章，其中，概述：主要介绍了国内外土壤环境监测工作进展；第 1 章土壤基本概念；第 2～7 章土壤样品的采集制备和无机有机项目分析测试方法；第 8 章数据处理和结果评价；第 9 章质量保证和质量控制。作为全国使用统一培训教材，在技术方法选择上既考虑了东部地区对先进仪器和技术方法的需求，又照顾西部部分省区设备相对落后的现实状况；既满足现行国家标准对技术方法的规定，又为技术方法更新做好技术储备，教材编写始终坚持先进性和实用性并重的方针。但由于时间匆忙和水平有限，疏漏和不当之处在所难免，恳请读者批评指正。

本书为全国土壤环境监测、农村环境监测技术培训教材，也可供各级环境监测站土壤和农村技术培训、从事土壤环境管理人员、高等院校师生等阅读参考。编写过程中得到了中国环境监测总站王业耀副站长和甘肃省环境监测中心站连兵站长的悉心指导，在此表示衷心感谢。

编　者

2013 年 7 月于北京

前言

目　录

第一章　概　述

一、土壤环境监测

1．土壤环境监测的概念

对土壤中各种无机元素、有机物质及病原生物的背景含量、外源污染、迁移途径、质量状况等进行监测的过程称为土壤环境监测。

2．土壤环境监测类型

土壤环境监测按其目的分类有以下5种类型：①土壤环境质量监测：是对指定的有关项目进行定期的、长时间的监测，以确定环境质量及污染源状况、评价控制措施的效果，衡量环境标准实施情况和环境保护工作的进展，包括对污染源的监督监测（这是监测工作中工作量最大涉及面最广的工作）。②土壤背景值监测：是以掌握土壤的自然本底值，以为环境保护、环境区划、环境影响评价及制定土壤环境质量标准等提供依据为目的，土壤背景值是指区域内在很少受（或基本不受）人类活动破坏与影响的情况下，土壤固有的化学组成和元素含量水平。就土壤背景值时间和空间来说，具有相对性和统计性，是代表一定环境单元统计量的特征值。③应急监测：是在发生污染事故时以分析主要污染物种类、污染来源、确定污染物扩散方向、速度和危及范围，为行政主管部门控制污染、制定正确的防控政策提供科学依据。④研究性监测：是针对特定目的科学研究而进行的高层次的监测。例如有毒有害物质对从业人员的影响研究；为监测工作本身所服务的科研工作（如统一方法、标准分析方法的研究、标准物质的研制等）的监测。这类研究往往要求多学科合作进行。⑤特定项目监测：主要包括仲裁监测、建设项目环境影响评价监测、项目竣工验收监测、咨询服务监测和考核验证监测等。

土壤环境监测的目的是通过多种技术方法测定土壤中的环境指标，确定土壤环境的质量，为预防和控制土壤环境污染提供依据。土壤是一个开放的体系，土壤中的污染物来自自然界的各个环境要素，而这些污染物也会由土壤迁移到环境中其他的环境要素中去，所以在对土壤进行监测时要注意与水、大气等其他环境要素的监测相结合，这样才能达到客观地反映实际情况的目的。

二、国外土壤环境监测

土壤污染具有明显的隐蔽性、滞后性、累积性和难恢复性，一旦受到严重污染，需要较长的治理周期和很高的治理成本，其危害也更难消除。

土壤与人体之间的物质流动关系比较复杂，受到诸多因素的影响。土壤中的污染物多是通过食物链进入人体危及健康的。主要通过粮食、蔬菜、水果、奶、蛋和肉等进入人体，引发各种疾病，最终危害人体健康，同时土壤污染直接影响土壤生态系统的结构和功能，对生态安全构成威胁。

世界各国都十分重视土壤资源的保护与土壤环境污染防治，并投入了大量的人力、物力和财力开展土壤污染监测调查以及污染土壤治理技术研究工作。许多国家和地区已经或正在致力于本地区土壤质量动态监测方法和监测系统的建设。在这方面以加拿大较为领先，加拿大自 1989 年就开始监测农业土壤健康状况变化，建立了一批监测基准点。该监测系统的基准数据组包括农场历史、土壤和地貌描述、土壤的各种化学、物理、生物学特性等重要土壤指标的测量。从 1998 年开始，Douglas 等在加拿大 Prince Edward Island（PEI）用 GPS 定位系统收集了 232 个土壤样品（依土地利用方式不同），其中 1/3 的样点按每年 1 次的频率采集。评价参数有：物理性状（A、B 层深度、坡度和坡面长度、种植植物种类、轮作制度、灌溉方式等）；化学参数（pH、有机质、阳离子交换量、盐基饱和度、全氮、硫、磷、钾、硅、钙、镁、硼、锌、锰、铁等）；生物参数（微生物总量、酶活性等）。通过对数据分析，探讨各参数间的相互关系，为土壤质量的监测和科研或决策部门提供了科学的土壤参数。

欧盟实行的土壤环境评价监测项目中，选择 27 个主要指标对欧盟成员国土壤环境进行监测，这些指标统一了成员国的国家级土壤监测数据，为评价欧盟成员国土壤环境、土壤退化和盐碱化提供可靠的依据。

美国地质调查所在 1961—1988 年对大陆本土以 80 km×80 km 间隔进行了背景调查，在美国大陆本土上采集了 1 218 个土壤和地表物质样品，采样深度为 20 cm。此项研究分为两个阶段进行：第一阶段（1961—1971 年），对 863 个样点采集样品，以光谱半定量为主，分析测试了 35 个元素。第二阶段（1971—1984 年），又采集了 355 个样品，两次共分析了近 50 个元素。1984 年发表了《美国大陆土壤及地表物质中元素浓度》的专项报告，讨论了 46 个元素的土壤背景值，并绘制了各元素点位分级图。1988 年，美国地质调查所还完成了阿拉斯加州土壤环境背景值的调查研究报告，其中涉及 35 个元素的环境背景值。

英国 1979 年开始以 5 km×5 km 网格进行了土壤调查，在英格兰和威尔士共采集了 6 000 个样品，并测定了 19 个元素。英国标准局（BSI）于 1988 年颁布了《潜在污染土壤的调查规范（草案）》（DD175：1988），该规范规定了一般土壤污染调查的程序和方法指导，包括准备、布点方法、样品采集数量、样品采集方法、质量控制及报告编写等内容。

瑞士于 20 世纪 80 年代建立了国家土壤环境监测网，在全国设立了 120 个土壤监测点。监测点的选择原则是农用地占 50%，森林土壤占 30%，其他广泛使用的土壤占 20%。从 1985 年开始监测，其中 20 个监测点五年后又进行了监测。每个监测点的面积为 100 m^2，样品采集深度为 20 cm，每次在 2～3 m 的间距采集 4 个样品组成一个混合样品。所有采集的样品都要入库贮存。测定项目包括铅、铜、镉、锌、镍、铬、钴、汞和氟。除此之外，还测定了土壤 pH、碳酸钙、有机碳、粒度、铁和铝的氧化物、阳离子交换量、有效态磷和土壤密度等指标。

日本在 1978—1984 年对全国 25 个道县进行了土壤调查，并在重金属污染土壤引发稻米致人中毒事件后广泛开展了农田土壤监测工作。日本通过制定《土壤污染对策法》将对象物质分成 3 种，分别为第 1 种特定有害物质（主要是挥发性有机物等）、第 2 种特定有害物质（主要是重金属等）和第 3 种特定有害物质（主要是农药等）。在调查地东西方向和南北方向打网格，平行线间距 10 m，形成 10 m 网格（10 m×10 m）和 30 m 网格（30 m×30 m）。污染土壤原则上每 100 m^2 设 1 个点，当污染可能性较小时可每 900 m^2 土壤采 1 个样。挥发性有机物不采混合样，金属和农药等可采 5 点混合样。

我国土壤环境监测最先始于对农用地的监测，早期的监测偏重于土壤肥力的监测。只是在近二十年来，随着土壤污染的加剧，我国各部门相继开展了土壤的污染监测。

我国农业部农技中心牵头的土壤监测体系是以了解和掌握土壤基础地力动态变化为主要目的，主要内容包括：在土壤调查的基础上，每年采样测试耕层土壤中 pH、有机质、全氮、碱解氮、有效磷、速效钾等参数，并对植株采样化验，同时记载施肥、灌溉等全部田间作业和作物产量；每 5 年或 10 年进行剖面观察并测试土壤分层样品中阳离子交换量、大、中、微量元素，物理性状以及其他肥力指标。该项工作是农业部门首次对农耕地进行的长期系统的较为规范的土壤基础地力动态监测。目前，已在全国 30 个省（市、自治区）的 26 个耕作土壤类型上建立了 200 个国家级监测点，在此带动下，各地相继建立了省、地、县不同级别，类型众多的土壤监测点，到 2000 年，已建成的省级点约 3 000 个，地级点 2 000 个，县级点 9 000 个，初步形成了全国耕作土壤监测网络，为推动我国农业的发展起到了巨大的作用。

以农业部环境监测总站牵头的基本农田保护区土壤环境质量监测是以准确、及时地了解和掌握基本农田保护区土壤环境质量状况和发展趋势，揭示污染物在土壤中的残留、累积动态为目的、以重金属和农药残留为重点内容的监测。其监测指标主要包括：pH、镉、汞、砷、铜、铅、铬、镍、六六六、滴滴涕等。该项工作始于 1999 年，为领导决策和基本农田环境管理提供了技术依据，促进了农业生产和农村经济的可持续发展。

国土资源部于 1999—2001 年开始在广东、湖北、四川等省实施多目标区域地球化学调查试点工作。从 2002 年起，全国多目标区域地球化学调查工作正式启动。国土资源部按照“覆盖中部农业生产区，重点安排东部经济区，优选西部农牧区”部署原则，已经完成调查面积 106 万 km^2，首次系统取得了一大批海量的珍贵数据。2005—2008 年，经由温家宝总理批示，财政部设立“全国土壤现状调查及污染防治专项”，由国土资源部和国家环保总局分别承担其中的土壤和环境调查任务。多目标区域地球化学调查工作扩大到全国 31 个省（区、市）。全国共计部署 450 万 km^2 调查面积，覆盖我国东、中部平原盆地、湖泊湿地、近海滩涂、丘陵草原及黄土高原等主要农业产区。

2011 年国土资源部下发《国土资源部办公厅关于开展耕地质量等级监测试点工作的通知》（国土资厅函[2011]5 号），开展了耕地等级监测试点。在全国选择 15 个基本农田示范县开展耕地等级监测试点工作，其主要监测内容包括：一是对基本农田整理引起的耕地等级变化进行监测评价；二是对土地复垦开发新增的耕地进行等级评定；三是因各种因素造成耕地减少对区域耕地生产能力影响进行监测评价。为便于监测成果与原农用地分等成果的比较，监测指标采用各试点县原农用地（耕地）分等指标。

此外，我国还根据自身的需要，开展了适合我国国情的一些土壤监测研究。比如土壤中水分的监测、土壤侵蚀和盐渍化监测、土壤肥力监测、将“3S”技术在土壤环境监测应用等。

三、我国土壤环境监测

1. 全国土壤环境背景值调查

我国土壤背景值研究始于20世纪70年代中期，首先由中国科学院有关院所会同环保部门在北京、南京和广州等地区开展了土壤背景值的研究工作。1978年原农牧渔业部组织农业研究部门、中国科学院、环保部门和大专院校共34个单位，对北京、天津、上海、黑龙江、吉林、山东、江苏、浙江、贵州、四川、陕西、广东、新疆等13个省、自治区、直辖市的主要农业土壤和粮食作物中的九种元素的含量进行了调查研究。1982年国家将环境背景值调查研究列入“六五”重点科技攻关项目，委托中国环境监测总站负责组织有关部门和单位在我国东北、长江流域和珠江流域几个主要气候带的典型区域开展了土壤和水体环境的背景值研究。土壤背景值研究于湘江谷地（21万km^2）和松辽平原（24万km^2）取样，分别在430个和934个采样点上采集土样，获得了铜、铅、锌、镉、镍、铬、汞和砷等八种元素的背景值。在“七五”期间，国家将《全国土壤背景值调查研究》列为重点科技攻关课题，由中国环境监测总站、北京大学地理系、中国科学院沈阳应用生态所为组长单位，各省、自治区、直辖市的监测科研单位、大专院校和中国科学院有关研究所共计60余个单位参加联合攻关。调查范围包括除我国台湾省以外的29个省、自治区、直辖市。在全国范围内共采集了4 095个剖面样品，11 500个土壤样本进入样品库。并测试了pH、有机质、土壤粒度、砷、镉、钴、铬、铜、氟、汞、镍、铅、硒、钒和锌等项目。从4 095个剖面中选择了862个作为主剖面，加测48种元素，得到61个元素的土壤背景值，其中常量元素7个，微量元素54个。编辑出版了《中国土壤元素背景值》和《中华人民共和国土壤环境背景值图集》。

2.“菜篮子”基地、污水灌溉区土壤环境监测

2001年9—10月，中国环境监测总站组织对北京、上海、天津和深圳4个“菜篮子”试点城市的蔬菜生产基地进行了环境质量调查监测，调查范围包括北京市朝阳区和通州区、天津市西青区、上海市青浦区、深圳市宝安区及山东省寿光市。

2003年，中国环境监测总站组织对38个重点城市和山东省寿光市“菜篮子”基地、污水灌溉区和有机食品生产基地进行了土壤环境质量专项调查工作，共对52个“菜篮子”基地、13个污灌区（分布在11个省份）和22个有机食品生产基地（分布在8省、11市）土壤环境质量进行了调查监测。

3.“十一五”全国土壤污染状况专项调查

2006—2009年间开展了全国土壤污染状况调查，调查包括3个内容：一是开展全国土壤环境质量状况调查与评价，网格布点以8 km×8 km为主；二是开展全国土壤背景点环境质量调查与对比分析，在“七五”全国土壤环境背景值调查的基础上，采集可对比的土壤样品，分析20年来我国土壤背景点环境质量变化情况，三是开展重点区域土壤污染风险评估与安全性划分，选取10类典型污染场地进行土壤调查分析，网格布点密度相对较高。

本次调查共布设点位67 615个（其中，土壤环境质量调查点位41 938个，土壤背景环境质量调查点位3 960个，重点区域调查点位21 717个），采集样品213 754个（其中土

壤样品 203 348 个，农产品样品 7 078 个，地表水样品 998 个，地下水样品 2 230 个）。获得调查点位环境信息数据 218 万个、调查点位照片 21 万张，生成 3 000 个空间图层，制图近 11 000 幅，全国土壤污染状况调查数据库数据总量近 1TB。

通过调查，基本查明了全国土壤环境质量现状，基本掌握了我国土壤环境质量变化趋势，基本查清了主要类型污染场地及周边土壤环境特征及其风险程度，建立了全国各种土地利用类型的土壤样品库和调查数据库，对保护和改善我国土壤环境质量，保障农产品质量安全和人体健康，合理利用和保护土地资源，促进经济社会可持续发展具有重要意义。

在全国土壤污染状况调查工作中，中国环境监测总站负责组建技术指导组，主要职责是：负责全国省级技术骨干培训、负责土壤污染状况调查质量保证和质量控制、负责全国土壤污染状况调查的技术指导等工作以及建立国家临时土壤样品库。

（1）为更好地完成技术指导工作，技术指导组设立了办公室（总站生态室），负责收集汇总各省站提出的相关技术问题等日常工作。同时，为进一步加强全国土壤污染状况调查技术指导工作，技术指导组又组建了 5 个专家组，分别设在辽宁、陕西、四川、江苏、广东等 5 个省区，并将全国土壤调查技术指导工作按地域分成 5 个片区，各专家组在技术指导组的统一领导下，分别负责本辖区土壤调查的质量检查和技术指导等工作。

（2）技术指导组多次举办技术座谈及培训。培训的主要对象为各省土壤调查项目实验室分析测试技术骨干。通过培训，学员们基本掌握了技术规定中有关农产品样品采集、制备、无机元素和有机污染物分析测试、质量控制等技术，为在全国做好土壤污染状况调查农产品样品采集及分析测试，统一方法和高质量完成工作任务提供了技术保证；又为省、市级技术培训工作培养了师资力量。

（3）技术指导组负责为地方监测站提供技术支持，随时回答来自全国的各种咨询问题，发送电子技术资料，查询 20 年前“七五”土壤背景值资料。每年跟踪督促全国 31 个省、市、自治区及新疆兵团的工作进度，调研工作中存在的问题并寻求解决办法。

（4）建设国家临时土壤样品库。技术指导组制定了土壤样品库设计方案，在测算土壤样品库库房面积的基础上，根据土壤样品库建设要求，以政府采购形式选购了部分土壤样品数据库所需的计算机、服务器等硬件设备。完成了总站土壤背景值样品的迁移、入库和建档工作，完成了“十一五”土壤样品的入库、整理、上架和归档工作，并根据土壤样品库特点委托软件公司开发了样品库信息系统软件等。

四、土壤环境例行监测情况

进入“十二五”时期，为落实环保部和有关领导关于开展土壤环境例行监测工作的指示精神，中国环境监测总站自 2011 年开始组织各级相关的环境监测站开展全国土壤环境质量例行监测试点工作，“十二五”监测计划是每年监测 1 种土地利用类型的土壤环境质量，5 年形成一个循环。

1．2011 年全国土壤环境质量例行监测试点工作

2011 年是“十二五”开局年，按照《2011 年全国环境监测工作要点》（环办[2011]12 号）中“探索环境监测新领域”的要求，中国环境监测总站组织开展了 2011 年全国土壤环境质量例行监测试点工作暨污染企业周边土壤环境质量例行监测工作。

这次监测范围涉及全国 30 个省（西藏除外），138 个地市州。主要监测企业周边土壤环境中 14 种重金属镉（Cd）、汞（Hg）、砷（As）、铅（Pb）、铬（Cr）、铜（Cu）、锌（Zn）、镍（Ni）、钒（V）、锰（Mn）、钴（Co）、银（Ag）、铊（Tl）、锑（Sb）和 1 种有机物苯并[*a*]芘的含量。全国共涉及企业 284 个，采集土样 1 964 份（含对照点），获得有效数据约 1.4 万个。企业类别涉及无机化工与有机化工业，金属与非金属采矿、冶炼与加工业，发电与能源供给业，电镀、电池与电子器件制造业，纺织、印染、皮革与化纤制品业，钢铁、机械及设备制造业以及其他行业 7 大类。

监测结果表明，各省区市监测企业周边土壤环境质量总体状况一般，5 种主要重金属污染物的超标率依次为：镉＞砷＞汞＞铅＞铬。不同行业周边土壤环境质量状况和污染特性存在较大差异，超标点位主要集中在金属与非金属采矿、冶炼与加工业企业周边土壤。内梅罗综合指数评价结果表明，企业周边土壤环境质量以清洁和尚清洁为主。

2．2012 年全国土壤环境质量例行监测试点工作

2012 年是“十二五”第二年，按照《2012 年全国环境监测工作要点》（环办[2012]22 号）的要求，中国环境监测总站继续组织开展 2012 年全国土壤环境质量例行监测试点工作暨农田区土壤环境质量例行监测工作。本年实际监测的农田区为 969 个，布设监测点位 4 606 个，涉及全国 30 个省份和新疆生产建设兵团（西藏未开展监测）的 314 个地市州。监测项目包括 8 项必测重金属，分别为镉、汞、砷、铅、铬、铜、锌和镍；6 项选测重金属，分别为钒、锰、钴、银、铊、锑；3 项有机物，分别为六六六（总量）、滴滴涕（总量）和苯并[*a*]芘。

监测结果表明，监测的农田区土壤环境质量整体较好。5 种主要重金属污染物的超标率依次为：镉＞铅＞砷＞汞＞铬。监测的农田区土壤主要重金属污染物为镉、镍和铅；主要有机污染物为滴滴涕。

此外，“十二五”期间构建土壤环境监测网将是一项重要工作。通过确定土壤监测国控点位，构建全国土壤环境监测网络，可以加快并最终建成较为完善的土壤环境监测技术体系。2011 年和 2012 年土壤环境质量例行试点监测工作的开展，将为确定和落实土壤监测国控点位、构建国家土壤环境监测网络、探索我国土壤环境保护工作新道路提供坚实的理论基础和实际经验。

五、开展全国土壤例行监测面临的问题

与水和空气等环境要素监测技术发展水平相比，我国目前土壤的监测技术总体水平不高，区域性差异较大，距离开展土壤环境质量例行监测所需要的技术能力还相差甚远。

第一，我国已建立了较为完善的国家水环境质量监测网、环境空气质量监测网和近岸海域环境质量监测网等，已经实施国家网运行，每年开展环境质量例行监测。但是，土壤环境质量才刚刚开展试点监测，尚未建立国家监测网，没有确立国控点位，其主要原因之一是缺乏系统和规范的土壤监测点位布设技术方法，土壤调查或试点监测中布设的土壤监测点位尚存在代表性不强、分布不合理、科学性不足等问题，在说清土壤环境质量状况、污染空间分布和变化趋势方面与技术成熟国家还有不小的差距。因此，在当前迫切需要深入开展全国土壤环境质量监测的新形势下，急切需要研究并形成系统科学的土壤环境质量

监测点位布设技术要求，研究并确定国家土壤环境质量监测国控点位，为开展土壤环境质量监测与评价等后续工作提供基础性支撑。

第二，我国目前已针对水环境质量监测和环境空气质量监测等环境要素建成了相对成熟的监测指标、评价方法和监测质量控制技术体系。相比较之下，我国土壤环境监测发展严重滞后，仍是环境监测发展中的薄弱环节，已经建立且在用的技术方法明显不足，不能适应新形势下土壤监测与管理的巨大需求。例如，《土壤环境质量标准》（GB 15618—1995）中监测指标较少（仅 8 项重金属和 2 项有机物），不能体现土壤区域性特点，无法满足土壤环境质量评价的新需求。即便是 2008 年专为全国土壤污染状况调查颁布的《全国土壤污染状况评价技术规定》，仍有大量的监测指标因为没有标准而无法评价。此外，《农用污泥中污染物控制标准》（GB 4284—1984）和《城镇垃圾农用控制标准》（GB 8172—1987）已 20 余年未做修订，阻碍了其有效实施。在土壤监测技术方法方面，不同部门颁发的《土壤环境监测技术规范》（HJ/T 166—2004）、《土壤监测规程》（NY/T 1119—2006）和《多目标区域地球化学调查规范》（DD 2005—01）之间也存在一些不一致之处，影响了监测信息整合与评价。随着土壤环境质量监测工作的拓展和深化，亟须系统构建土壤环境质量监测指标体系和评价技术方法。

第三，土壤监测的技术环节包含点位布设、样品采集和制备、样品前处理、实验室分析测试、数据统计与评价等。由于土壤介质中目标化合物的流动性差、必须将目标化合物从固相介质转移到液相中进行测试，因此，与水、气监测相比，土壤监测过程的技术难度更高，对监测精密度和准确度的控制难度更大。虽然借助于全国土壤污染状况调查工作，各监测（测试）机构依据各自的装备条件，形成了以主要重金属和有机物为主的监测方法。但是，由于起步较晚、技术储备有限，监测方法标准化程度不高、多种监测方法并存的局面依然存在，不利于监测数据的可比。因此，亟须研究并建立适合我国土壤环境监测技术特点的国家土壤环境监测质量控制技术体系，以解决长期困扰土壤监测工作的难题，提升监测数据质量，提高监测数据判定的准确性和合理性，为土壤环境管理决策提供强有力的技术支撑。同时，从监测质量管理模式上，我国当前实施的质量管理活动都是以测试单位为主线的，缺少按照任务或监测领域实施质量管理的思路和脉络，存在国家网统一实施监测，但质量管理无法落实或落实效果不清晰的状况，国家统一监管的力度也明显不足。按照国家网实施质量管理是保证管理制度和质量体系建设有效融合的重要机制，是当前环境监测质量管理中急需探索的问题，在国家土壤环境质量监测网建设之初，建立并尝试这种管理模式，非常必要也非常适宜。

第四，我国目前的国家土壤环境质量试点监测不仅缺乏必要的经费保障，人才队伍稳定性也面临极大的挑战，严重缺乏科学有效的运行模式和保障机制，这些问题在很大程度上限制了土壤环境监测支撑环境管理和决策作用的发挥，监测信息报告不能满足各级政府的要求，也不适应公众对于土壤环境信息公开的需求。此外，一些新兴学科的发展，如“3S”技术和信息技术的发展，可以为土壤环境质量监测提供更好的技术支持。现有土壤环境监测体系和运行方式需要适应新形势的需求，迫切需要研究构建相对完整、高效、规范的国家网运行机制，提出切实可行的网络业务化运行方式和长效具体的保障措施。

第二章　基本概念

第一节　土壤及土壤环境质量

一、土壤

（一）土壤的组成

土壤是地球陆地表面的覆盖层，是大气圈、生物圈、水圈和岩石圈之间的交界地带，在这里生命体和非生命体相互依存、紧密结合，共同组成了人类和动植物生命活动的环境条件。土壤环境的形成受多种成土因素的影响，包括母质、气候、生物、地形和时间等，从而具有多样性和复杂性，形成了各种形态各异、差别显著的土壤环境，为人类和动植物提供了多种多样的生存环境。

土壤是由固相（包括矿物质、有机质和活的生物有机体）、液相（土壤水分或溶液）、气相（土壤空气）三种物质、多种成分共同组成的多相分散体系。按容积计，在较理想的土壤中固相物质约占总容积的 50%，其中矿物质约占 38%～45%，有机质约占 5%～12%。液相和气相共同存在于固相物质之间形状、大小不一的孔隙中，约占土壤总容积的 50%。按重量计，矿物质占固相部分的 90%～95%以上，有机质约占 1%～10%左右。由此可见，从土壤物质组成的总体来看，土壤是以矿物质为主的多组分体系，如图 2.1 所示。

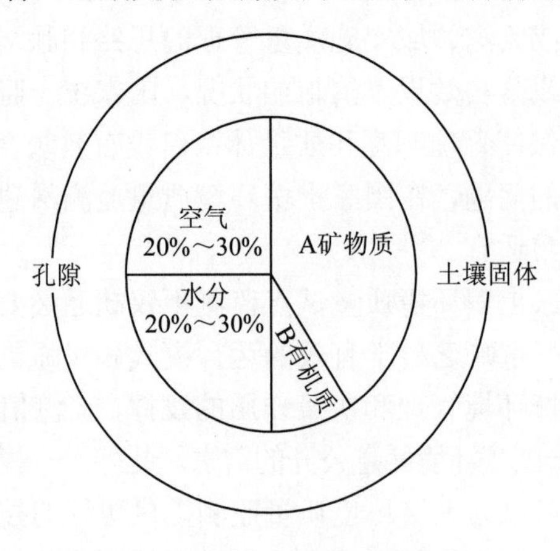

图 2.1　土壤组成

（二）土壤环境的形成

考察土壤环境的形成特征，就是看各个成土因素在土壤环境形成过程中所起的作用，主要成土因素有：成土母质、气候、生物和人类活动，成土母质决定土壤环境的最初性状，气候决定土壤环境的发展方向，生物使土壤环境具有活力，而人类活动则对土壤环境有着深刻的影响。

1. 成土母质

土壤母质决定了土壤环境的最初物理化学性状。成土母质是与土壤有直接发生联系的母岩-岩石风化物，是建造土壤的基础原料，也是土壤机械组成和植物矿物质养分元素的本源。越是在土壤环境形成过程的初级阶段，母质的影响作用就越明显。一方面，母质的机械组成直接影响到土壤的机械组成，也会影响到土壤环境中的物质存在状态和迁移转化过程，从而对土壤的发育、性状和肥力产生巨大影响；另一方面，虽然母质和土壤的化学组成并不完全相同，但它们之间存在着发生上的联系，母质的化学组成是成土物质的主要来源，在风化和成土过程的初级阶段有重要影响。例如，若花岗岩、片麻岩风化形成的母质含有抗风化能力强的石英等浅色矿物，能长期保留在土壤中，使土壤环境中含有相当数量的石英颗粒，致使土壤机械组成中砂粒多、质地粗、孔隙大，容易透水。并且这种母质中的矿物含有的盐基成分较少，在降水多的环境条件下很容易发生淋溶作用，导致养分和矿物元素大量淋失，形成微酸性和酸性土壤。从环境学的角度看，这类母质形成的土壤重金属元素含量低，一方面土壤容易受重金属污染；另一方面污染元素也容易被淋失，被污染后土壤比较容易改良。

2. 气候

土壤和大气之间不停地进行着水分和热量的交换，因此大气气候状况直接影响着土壤的水热状况和土壤中物质的迁移转化，这种影响主要是通过大气温度和湿度的差异体现出来的，主要有以下三个方面：①气候影响母质风化过程。一般说来，矿物岩石化学风化速度随着温度、湿度的增高而加快。热带多雨地区岩石风化速度较快，风化壳和土壤的厚度比温带、寒温带要厚。比如中国南方温度高、湿度大的地区，花岗岩的风化壳可达 30～40 m 之厚，并形成厚层红、黄壤；而北方地区寒冷干旱，岩石风化壳薄，风化程度低，多数只能形成粗骨性幼年土。②气候影响土壤养分的积累与分解。如果大气降水丰沛，绿色植物生长量大，就能为土壤提供更多的有机质养分。但在一定温度范围内随着温度的升高，土壤微生物对有机质分解加快，会使土壤有机质不易累积。在我国温带地区，由北向南，土壤温度逐渐增高，分布依次是黑土棕色针叶林土与灰化土、暗棕壤、褐土，其土壤养分含量逐渐减少。③气候影响土壤中物质迁移与转化。在湿润地区，土壤中游离的盐基离子被淋洗，土壤剖面中没有碳酸钙淀积，土壤呈盐基不饱和状态，土壤环境呈酸性反应；在半干旱地区，土壤中易溶淋钾、钠被淋洗，碳酸钙向下移动，在剖面中部积聚，形成钙积层；在干旱地区，化学风化和淋溶作用很弱，土壤中矿物成分变化很小，除易溶性盐类有淋溶外，大部分盐分累积于剖面中，分别形成盐积层和石膏层。

3. 生物

生物是土壤环境形成过程中最活跃的因素。正是由于生物的作用，才把太阳能引进了成土过程，才有可能使分散在岩石圈、水圈和大气圈的营养元素向土壤环境汇集。

植物在土壤环境形成过程中的最重要作用表现在土壤与植物之间的物质和能量交换上。植物可把分散于母质、水圈和大气圈中的营养元素选择性地吸收起来，利用太阳辐射能制造成有机质，死亡后回归土壤，直接被分解、转化，变成简单的矿质营养元素或比较复杂的腐殖质。植物根系对土壤结构形成也有重要作用。

土壤动物，如蚯蚓、啮齿类动物、昆虫等的生命活动对土壤有重要意义。一方面，土壤动物通过它们的消化系统，使土壤中的一些复杂的有机质转变为简单而有效的营养物质，然后排泄到土壤中去，加速了土壤中物质的生物循环，提高了养分的有效性；另一方面，许多动物的挖掘活动，在土层中造成了很多大小不同的洞穴，对土壤的透水性、通气性和松紧度均有很大影响，可以改善土壤的物理性质。

土壤中的微生物能够充分分解动植物残体，甚至使之完全矿质化，因此它们是土壤物质能量循环中不可或缺的一环。微生物不但能分解有机物，释放营养元素，还能合成腐殖质，提高土壤的有机-无机胶体含量，改善土壤的物理化学性质。固氮细菌能固定大气中游离的氮素，化能细菌能分解、释放矿物中的元素，丰富土壤环境养分含量。

4．人类活动

自从人类社会诞生以来，人类活动就对土壤环境产生了极为深刻的影响。人类可以通过改变某一成土因素或各因素之间的对比关系来控制土壤发育的方向，例如砍伐原有自然植被，代之以人工栽培作物或人工育林，可以直接或间接影响到物质的生物循环方向和强度；再如，通过灌溉和排水可以改变自然土壤的水热条件，从而改变土壤中的物质运动过程；通过耕作、施肥等农业措施，可以直接影响土壤发育以及土壤的物质组成和形态变化。

人类对土壤环境的干预有有利的一面，也有不利的一面。例如破坏自然植被和不合理利用土地引起的土壤侵蚀；在干旱、半干旱地区无节制的垦荒，造成土壤沙化；大量引水灌溉，引起土壤盐渍化；大量使用农药和污水灌溉，导致土壤环境污染等等。人类应该控制这类非自然活动干预朝着有利于土壤环境的方向发展，尽量避免不利影响的产生；对于已经产生的不利影响，要尽快治理。

二、土壤圈

土壤是以固相物质为主的多相的复杂体系。它是岩石圈经过生物圈、大气圈和水圈长期和深刻的综合作用影响形成的。因此，土壤是陆地生态系统的组成要素或子系统。以土壤为中心由土壤与其环境条件组成的系统称为土壤生态系统。它有各种复杂多变的组成，特定的结构、功能和演变规律。在土壤生态系统中，物质和能量流不断地由外界环境向土壤输入，通过土体内的迁移转化，必然会引起土壤成分、结构、性质和功能的改变，从而推动土壤的发展与演变；物质和能量流从土壤向环境的输出，也必然会导致环境成分、结构和性质的改变，从而推动环境的不断发展。然而，土壤生态系统也具有一定调节能力，以保持相对平衡和稳定。所以土壤生态系统是一个为物质流和能量流所贯穿的开放系统，当人们从土壤中索取生物产品时，如果过度，而不给土壤归还或补充从其中取走的成分，最后必将受惩罚。

土壤在陆地生态系统中处于各环境要素紧密交接的地带，是连接各环境要素的枢纽，也是结合无机界和生物界的中心环节。因此，土壤生态系统是控制陆地生态系统的中央枢纽，是所有环境要素物质和能量迁移转化最为复杂和活跃的场所。而且，由于土壤和植物密切联系，构成陆地生态系统的核心，使土壤成为陆地生物食物链的首端。

应该强调指出，土壤生态系统既是自然生态系统，也是人类智慧和劳动可以支配的人工生态系统或复合生态系统。土壤生态系统的功能是和土壤的功能一致的。

1. 土壤生态系统的组成

土壤生态系统与其他自然生态系统的组成一样，主要分为：生命有机体部分，即植物和土壤微生物等；非生命无机环境部分，即太阳光、大气、母岩与母质，地表形态及土壤矿物质、水分和空气等。土壤生态系统的生物部分，根据在系统中物质与能量迁移转化中的作用，又可分为三个部分：生产者、消费者和分解者，见图 2.2。

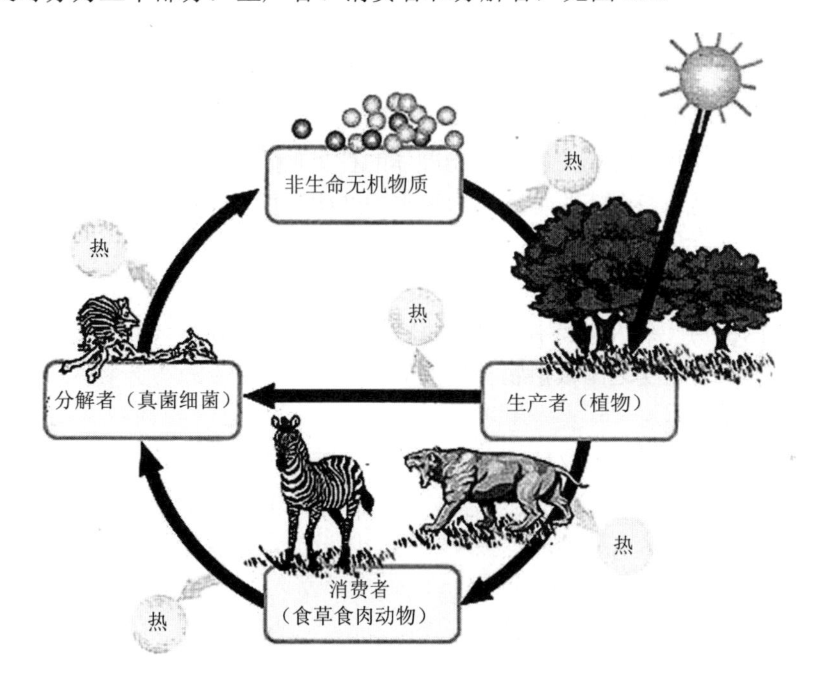

图 2.2 土壤生态系统组成

（1）第一性生产者

第一性生产者也叫初级生产者，包括所有的绿色植物和利用化学能的细菌等，是生态系统中最积极和最稳定的因素。生产者主要是指绿色植物，绿色植物能利用光能把 CO_2 和 H_2O 转变成碳水化合物，即通过光合作用把一些能量以化学键能的形式储存起来，为以后利用做准备。它们是土壤生态系统的基石，同时也是农业生态系统的基础。因为没有第一性生产者，任何生态系统都不会有物质流和能量流。

（2）消费者

消费者是不能用无机物质制造有机物质的生物。它们直接或间接地依赖于生产者所制造的有机物质，被称为异养生物。根据食性的不同可分为以下几类。草食动物是以植物为营养的动物，又称植食动物，是初级消费者，如昆虫、啮齿类、马、牛、羊等；肉食动物是以草食动物或其他动物为食的动物。据其在食物链中所处的位置，又可以分为：一级消费者、二级消费者和三级消费者。

（3）分解者

分解者又称还原者，主要是细菌、真菌和某些腐生生活的原生动物和小型土壤动物（例如甲虫、白蚁、某些软体动物等）。它们把酶分泌到动植物残体的表面或内部，酶能把生物残体消化为极小的颗粒或分子，并最终分解为无机物质归还到环境中，再被生产者利用。

它们在生态系统的物质循环和能量流动中，具有重要的意义，大约有 90%的初级生产量，都须经过分解者分解回还大地；所有动物和植物的尸体和枯枝落叶，都必须经过分解者进行分解，如果没有还原者的分解作用，地球表面将堆满动植物的尸体残骸，一些重要元素就会出现短缺，生态系统就不能维持。虽然，从能量的角度来看，分解者对生态系统是无关紧要的，但从物质循环的角度看，它们是生态系统不可缺少的重要部分。

2．土壤生态系统的结构

达到平衡的土壤生态系统具有一定的结构特征。首先，依据土壤生态系统中地表和土壤环境条件的差异以及与此相关联的生物群体的种类、数量和它们在生态系统中所起的作用，可以划分出土壤生态系统的垂直结构和水平结构。垂直结构一般由如下三个主要层次构成。

（1）地上生物群体层

主要为绿色植物（乔木、灌木、草本植物等）组成的生物群体，是进行光合作用的主要场所，所占空间的高度范围依植物种类而异。

（2）土被生物群落层

包括地面（枯枝落叶层）及植物根系所及的土被层的生物群体。本层是土壤生物群体（土壤动物、微生物、藻类等）的主要聚积层，是有机质生物累积、分解、转化，矿物质风化、淀积、迁移转化，水分淋溶、蒸发蒸腾，以及能量输入输出、交换的最为复杂和活跃的场所。

（3）土被底层与风化壳生物群体层

土被底层与风化壳生物群体层生物群体剧减，生物有机体少，是土壤生态系统矿质元素的主要补给基地。其垂直结构有的很复杂，如森林土壤生态系统，不论其地上生物群体（植物和动物）还是土被生物群体层，层状分布都异常明显；而有的土壤，如荒漠土壤或原始土壤生态系统，都较为简单。

其次，土壤生态系统不仅具有垂直结构，由于土壤环境条件的空间分异，土壤生物群落组合也可产生水平差异。而且具有一定的水平结构或空间格局。

三、土壤环境质量

1．土壤质量

有关土壤质量及评价体系的研究进展一直受到普遍的关注，对其定义曾有系统的总结与评述。美国国家研究委员会于 1993 年给出了土壤质量的定义，认为土壤质量是土壤“调节土壤生态系统及外部环境影响的能力”；美国土壤学会给出的定义略有差异，认为土壤质量是“在自然或人工生态系统内，某种特定土壤维持植物和动物生产力、保持和提高水质和空气质量、支撑人类健康和生活环境的能力”。一些学者对上述定义提出了诸多质疑，甚至认为上述定义与大气质量和水质的定义相距甚远，应该给出一个与大气质量和水质可比较的土壤质量的定义，将其定义为“影响其使用价值的土壤之化学、物理学和生物学性质”。中国学者在研究和实践中对土壤质量的定义做出了有相当深度的思考，认为土壤质量包含了“土壤维持生产力、对人类和动植物健康的保障能力，是指在由土壤所构成的天然或人为控制的生态系统中，土壤所具有的维持生态系统生产力和人与动植物健康而自身不发生退化及其他生态与环境问题的能力，是土壤特定或整体功能的综合体现”；另一种定义认为，土壤质量是“土壤保证生物生产的土壤肥力质量、保护生态安全和持续利用的土壤环境质量以及土壤中与人畜健康密切有关的功能元素和有机无机毒害物质含量多寡的土壤健康质量的综合量度”。简言之，土壤质量是土壤肥力质量、土壤环境质量和土壤健康质量三个既相对独立、而又相互联系组分的综合集成。土壤肥力质量是土壤提供植物养分和生产生物物质的能力；土壤环境质量是土壤容纳、吸收和降解各种环境污染物质的能力；而土壤健康质量是土壤影响和促进人类和动植物健康的能力。从土壤质量评价的实用角度出发，也有将其简单地归并为土壤肥力质量和土壤环境质量两个部分的，而将土壤健康质量包含于土壤环境质量之中，从而更有利于阶梯式评价标准（背景→沾污→污染）的建立。

2. 土壤环境质量

土壤环境质量是环境科学和土壤环境保护研究中的热门课题，是环境土壤学的核心内容，它是土壤质量的重要组成部分。和土壤质量一样，土壤环境质量目前亦是一个发展中的概念，尚无统一的认识。除了上述所涉及的描述外，一般而言，它是指在一定的时间和空间范围内，土壤自身性状对其持续利用以及对其他环境要素，特别是对人类或其他生物的生存、繁衍以及社会经济发展的适宜性，是土壤环境“优劣”的一种概念，是特定需要之“环境条件”的量度。它与土壤的健康或清洁的状态，以及遭受污染的程度密切相关。土壤环境质量依赖于土壤在自然成土过程中所形成的固有的环境条件、与环境质量有关的元素或化合物的组成与含量，以及在利用和管理过程中的动态变化，同时应考虑其作为次生污染源对整体环境质量的影响。很显然，我们必须保持土壤在一种健康或清洁的状态，这样才能使其适应于农业生产，安全而有效地使用废弃物和工农业副产品作为土壤改良剂，同时在土壤由于人为活动而受到污染时，必须进行适当的修复，以减少其自身以及对大气、水和植物等的不良影响。人们应当认识到，对土壤环境质量的概念性解释有可能随土地的实际使用状况而变化，即其“优劣”是相对的，对农业和非农业土壤来说也并非总是相同的。同时，在土壤环境质量的研究中亦有诸多需要考虑的问题，这些问题包括：

（1）“清洁”（可接受的、容许的）或“不清洁”（不能接受、不容许的）土壤的物理、化学和生物学性质与过程是什么？这里的“清洁”或“不清洁”是一种相对概念，与土壤类型和性质有着十分密切的关系，是针对特定的参照物或目的而言的。当没有明显的人为化学品干扰时，一般认为该土壤是清洁的，理解这一点有助于解决对高背景值土壤的认识问题。

（2）根据土壤对其他环境要素的影响，如何来表征和调控土壤质量？风险评价是一个十分复杂的过程，但在评价中至少需要掌握两个基本点，一是识别有无引起风险的过程；

二是量化可能发生的风险。由于风险评价过程中固有的不确定性，因而根据土壤对其他环境要素的影响所表征的土壤环境质量有一定的局限性，对特定要素或指示物所确定的土壤健康质量，并不一定适用于其他情况；即使同一要素或指示物在环境条件发生变化时，也可能产生新的风险。目前在土壤环境质量的评价中，大多应用“临界值”或“毒性限量”，这些指标体现了特定条件下的土壤健康质量（即在特定条件、特定用途下所确定的土壤有毒物质的限量或临界含量）；然而，制订有利于土壤资源自身保护的土壤环境质量标准问题，应是土壤环境质量调控中的重要内容。

（3）对于人为施用废弃物或副产品作为改良剂的土壤，应该如何评估其环境质量？一方面，作为土壤改良剂的大多数废弃物，在环境方面人们最为关心的是一些元素（例如B、F、Se、重金属等）和有机化合物（特别是持久性有机污染物）对生物的毒害和对食物链的污染，以及过量氮、磷通过淋溶、侵蚀和径流进入地表水和地下水，从而有可能引起水体的富营养化；另一方面，作为改良剂的某些废弃物对土壤质量具有改善营养状况、物理条件、酸碱性等的潜在效应，从而缓解土壤作为次生污染源对其他环境要素的影响。

（4）在基础土壤学和环境科学方面需要哪些重要的提升从而可改善对土壤环境质量评价的能力？多年来，土壤科学和环境科学家对许多土壤潜在污染物的地球化学循环进行了有益的探讨；然而，所获得的数据大多较为零散，而且主要集中于农业土壤和农业污染物。这些数据在科学家和标准与政策制定者之间缺乏有效的沟通和理解，从而限制了科学研究成果向公众意识和政府决策方面的转化。同时，对土壤中污染物行为的描述，大多停留于“黑箱”阶段，缺乏对反应机理的深入研究，限制了对土壤环境质量评价的准确性与前瞻性。清楚地阐明污染物在土壤中的反应行为和影响因素，特别是要预测某些行为（例如重金属反应的滞后效应和可提取态的时间效应、有机污染物的结合残留、复合污染等）的长期效应，是基础土壤学和环境科学在基础研究方面所面临和需要解决的问题。

（5）在土壤环境质量问题的讨论中，土壤、环境等领域的科学家如何能达成共识以发挥更大、更有影响力的作用？在判断土壤环境质量和根据土壤的污染程度决定是否需要采取修复措施方面，土壤、环境等领域的科学家必须给出客观的、肯定的意见。在此过程中，应注意发展快速检测方法、试验方法以及污染物在土壤中的迁移、转化与预测模型，使土壤和环境科学家在研究土壤过程与改善环境质量的决策中发挥相互补充、相互支撑的不可替代的作用。

四、土壤污染

1. 土壤环境污染的概念

土壤是地球三大环境要素（大气、水和土壤）之一，是人类和动物赖以生存的环境，同时也是人类和其他生物绝大部分食物的生长环境。土壤环境如果遭到污染，直接影响到人类和其他生物的生存，而且土壤的污染也会导致大气和水体遭受污染。

土壤环境污染是指污染物通过各种途径进入土壤，其数量和速度超过了土壤的容纳和净化能力，而使土壤的性质、组成和性状等发生改变，破坏土壤的自然生态平衡，并导致土壤的自然功能失调、土壤质量恶化的现象。

土壤环境的破坏以及污染物在土壤中的累积直接影响的是土壤的功能和结构。在功能上，土壤环境污染表现出的特征是土壤肥力的下降，对养分、水分以及元素的运输能力下降，导致植物生长缓慢或无法生长。在结构上，土壤环境污染表现出来的特征是土壤板结、透水能力下降、pH 值发生较大变化等。

土壤污染不像大气和水体污染那么容易被人们所发现，大气和水体都是较为简单的单相体，一旦发生污染会立即发生性状、功能的变化，如水体发生污染，就会马上呈现出颜色、气味的明显变化，接着发生鱼类大量死亡的现象；大气污染一旦发生也会表现出气味、透明度等的变化，人和动物的感官会受到刺激，这些都即刻可以判断出水体和大气已经发生污染。而土壤是较为复杂的三相共存体，污染物在土壤中的转化更为复杂，而且，土壤中的污染物往往和土壤微粒结合或吸附在一起，或隐埋在土壤中，或向土壤深处迁移，并不表现出很明显的污染特征。直到土壤中的污染物通过植物进入食物链进入动物和人体，并且使动物和人体发生了毒害时，土壤污染才被发现，而在这个时候，土壤污染往往已经十分严重了。

土壤污染一旦发生就很难治理，因为土壤成分的复杂性，导致土壤中的化学变化十分复杂，而且土壤胶体还具有很强的吸附能力，使得土壤中的污染物很难提取出来，甚至一些重金属元素已经和土壤中的矿物质化合在一起，这样的污染物几乎已经没有办法将其与土壤分开了。

2．土壤环境污染的影响因素

土壤是较为复杂的三相体，它与大气、水、植物、动物和微生物紧密相关。这种复杂性也决定了土壤对污染物的缓冲能力比其他介质要强，同时也决定了土壤对污染物的转化也十分活跃。也就是说，当污染物进入土壤中的时候，土壤可以对其进行吸附，使污染物的化学性质变得较为稳定，虽然土壤中进入的污染物较多，但是仍然不会发生土壤环境污染。但当土壤中进入了一种化学性质较为稳定的物质，单这种物质就其化学性质来说，还不能构成对土壤的污染，然而这种物质进入土壤中之后，通过土壤中的化学、生物化学变化，使得污染物的化学性质发生变化，不仅变得比较活泼，而且成为了土壤的污染物。产生这样的现象的因素与土壤的内在性质和外来因素都是有关的。见图 2.3。

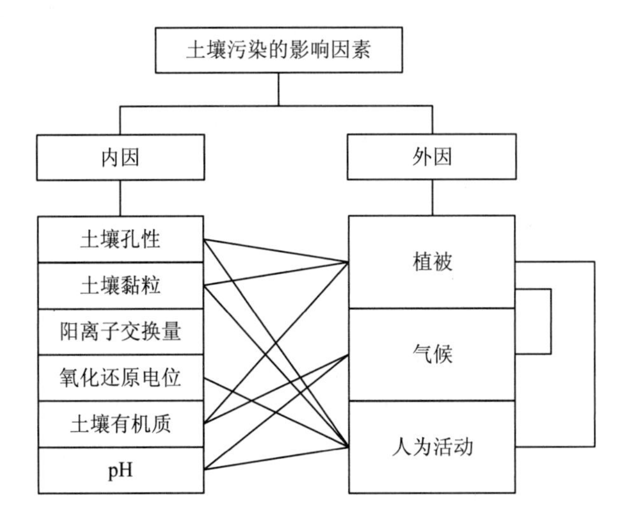

图 2.3　土壤污染中的环境影响因素

（1）土壤基本特征对土壤污染的影响

1）土壤孔性与土壤污染

土壤孔性是土壤中孔隙的特征，它包括土壤孔隙的数量、大小、分布状况等。土壤孔性是衡量土壤结构质量的重要指标。土壤孔性较好的土壤能够保证土壤的通气性、透水性、保水性和根系的正常活动，土壤的孔隙特征不仅可以调节土壤的水、气、肥、热，还决定了生物的活动性，而生物的活动性对于土壤中化学物质的迁移转化是十分重要的。

土壤的孔隙特征对进入土壤的污染物的迁移有重要的影响。土壤密实、孔隙度小，对污染物的截流效果是很好的，一般垃圾填埋场都会有密实的黏土垫底，而这样的土壤中透气性差，生物活动性不强，对有机物的降解能力很弱，容易引起有机物的污染。而土质疏松的土壤孔隙度较大，微生物活动强烈，可以使有机污染物迅速分解，不致产生土壤有机污染，但是这样的土壤却不能截流污染物的下渗，很容易使污染物向土壤深处迁移，对于防止无机污染物和重金属污染十分不利。

2）土壤黏粒与土壤污染

土壤的结构不同决定了土壤中黏粒特征的不同。黏粒可以强力地吸附土壤中的污染物，使其阻留在土壤的表层，不能向下迁移，黏粒的吸附还可以降低重金属等污染物的活性，使重金属的毒性降低。同时，黏粒可以保水保肥，含黏粒较多的土壤中往往水肥较好，适合植物和微生物生长。生物活动性的增加可以促进对有机物的降解。如果土壤中沙粒含量较多的话，土壤对于污染物的阻留作用就会减弱，致使污染物向下迁移。但黏粒较多的土壤中，往往透性不好，对于好氧微生物的生存不利，所以有研究者向黏粒较多的土壤中投入沙粒，以增加其透气性，但是沙粒对污染物的阻留能力较差，虽然减少了对地表土壤的污染，但是很有可能引起对地下水的污染，这一点是值得讨论的。

3）土壤中的阳离子交换量

在土壤中化学物质主要存在着吸附和解吸过程、沉淀和溶解过程两个动态平衡过程，这两个平衡决定着化学物质的状态。当这个平衡中，如果吸附和沉淀占据主导地位，那么污染物就会向稳定的形态变化，使其迁移的能力降低、毒性也随之降低。如果在这个平衡中解吸和溶解过程占据主导的地位，那么污染物的活动能力就会增强，迁移能力提高，导致污染加重。所以，这两个平衡共同影响着土壤的污染状况。

土壤中阳离子交换量表征着土壤胶体颗粒吸附能力的大小，交换量较大时说明其吸附能力较强。交换量的大小与土壤黏土矿物及有机质的含量有关。黏土和有机质的含量越大那么交换量就越大，即吸附性越强。因为胶体和有机质常常带有较多的负电荷，所以对阳离子的吸附能力比较强。在对阳离子有较强吸附能力的土壤中，重金属很容易被土壤吸附，使得重金属的迁移能力下降，减少了重金属污染扩散的可能性。

4）氧化还原电位（Eh）

氧化还原电位也是决定土壤中化学物质活动性的重要指标，它明显地影响着金属元素的价态和活度。例如在氧化的条件下，铬呈现六价态，毒性增大，而铜铁都呈现高价稳定状态，其毒性并不强；然而在还原的条件下，铬被还原为毒性较低的三价，铜和铁却由于价态的降低而活性增加，可能会引起对植物的危害。

5）土壤有机质

土壤有机质一般是指植物可以被吸收利用的有机物，这些有机物可以在微生物的作用下分解，生成比较简单的有机物，包括氨基酸、脂肪酸等，这些有机物中的一些可以与土壤中重金属生成较为稳定的盐，降低重金属的活性，还有一些有机物可以和农药、化肥以及其他的有机、无机物反应，使这些有机物的状态发生变化，从而影响土壤中有机物的转化。

6）pH 值

土壤的酸碱度是土壤化学性质的重要指标，它与土壤中的化学元素的状态密切相关。酸碱度的变化往往引起土壤中的化学物质发生剧烈变化。当 pH 值降低时，已经成盐的金属离子被释放，胶体上的金属离子被氢离子所取代，土壤中的可溶态金属离子浓度会增加，对植物产生危害的可能性随之增加。而当 pH 值升高时，情况与之相反。

（2）外界因素对土壤污染的影响

1）气候因素

气候主要是指气温和降雨，这两项因素所影响的是土壤的温度和湿度。土壤的温度和湿度影响着土壤中的化学反应条件。当气温升高时，土壤温度也会随之升高，温度的升高可以直接提高化学反应的速度，并且，有一些平时不能发生的反应也会由于温度的升高而发生。温度的升高也会使微生物的活动能力提高，与微生物有关的化学反应速度会随之加快。降雨强度比较大的时候，土壤中水分增加，土壤中的污染物会随水分的流动而流动，迁移的可能性增大，同时也会有更多的污染物溶解入土壤溶液中，被植物吸收的污染物也会增多，可能产生对植物的毒害。

2）人为活动

人类是地球的主人，人类为了生存和发展的需要对土地进行了大规模的改造。但是有些改造是破坏性的。矿山尾矿会造成大面积的重金属污染；用含有重金属的污水灌溉造成农田的重金属污染；化肥的施用使土壤的物理化学性质都发生了变化；土壤的沙漠化使土壤失去原有的功能和肥力；核试验会使相当面积的土壤遭到放射性污染，酸雨也会使土壤 pH 值升高，改变土壤的化学性质。

影响土壤污染的因素是很多的，土壤污染一般不是由一种因素造成的，在研究土壤污染的时候要针对污染情况具体分析，找出污染原因。

3. 土壤环境的污染物

土壤是一个开放性的系统，它和外界进行着连续、快速和大量的物质和能量交换。在进入土壤的那些物质中，有些土壤可以对其进行转化利用，成为维持自身功能的一部分，例如植物的落叶、雨水等，这些物质对于土壤来说，量多量少几乎没有关系。有一些物质是土壤中原来没有的，而且对于土壤来说是可有可无的，如果有少量这些物质进入土壤，土壤可以通过吸附、降解达到稳定这些物质的目的，但是如果这些物质进入土壤的速度和浓度都远远超出了土壤对其进行吸附和降解的速度，那么这些物质就可能成为土壤的污染物了。另外还有一些物质是土壤不需要的，而且会损坏土壤的功能，这些物质无论量多量少，一旦进入土壤就会成为土壤的污染物。我们把进入土壤后损害土壤结构和功能、降低土壤的质量和肥力、影响植物的生物量和生长状态、有害于人体健康的物质统称为土壤环境的污染物。

根据土壤污染物的性质可以把土壤污染物分为如下四种类型。

（1）有机污染物

污染土壤的有机物种类很多，大多数都是难以降解或是毒性巨大的。

1）化学农药

农药对土壤的污染在于它可以长期残留在土壤中以及它强烈的毒性。代表的污染物有：DDT、六六六、对硫磷、马拉硫磷、氨基甲酸酯等。

2）除草剂

除草剂对土壤的污染和农药的作用基本上是一致的，加之有些除草剂的靶向性并不是很好，会对植物的生长产生危害。除草剂主要是苯氧羧酸类物质。

3）油类

油类污染物主要是来自炼油企业、采油区、油田废油。石油中含有很多难以降解的芳烃物质。而且石油严重影响土壤的含氧量和透气性，使得土壤中的微生物无法生存，影响土壤的功能，而且油污还会散发出来令人不愉快的异味。

4）有机有毒化合物

化工厂排放的有毒化合物进入土壤中之后会造成土壤的有机污染，有毒污染物主要影响土壤中微生物生长和地上植物的成活。如苯并芘、酚类等。

（2）无机污染物

1）重金属污染物

重金属污染物是土壤中最难以治理的一种污染物。它主要是随着含有重金属的污水灌溉农田、冶炼厂含有重金属的废气的沉降等过程进入土壤的。重金属形态稳定、不会分解、容易富集，治理起来无论是成本投入还是对土壤本身的损伤都是难以承受的。常见的污染土壤环境的重金属有：镉、汞、铅、铜等。

2）化学肥料

现在农业的高产，化学肥料功不可没。但是，化肥带来的农业环境污染也不容忽视。长期使用化肥会使土壤的有机质含量下降，产生板结。

3）酸碱污染物

工业废气中的 SO_2、CO_2、NO_2 等酸性气体随降水落入土壤之后会使土壤酸化。而石灰产业周边的土壤中 pH 值常常升高，表现为碱化。

（3）放射性污染物

放射性污染物主要来自和平利用的核工业、核爆炸、核设施的泄漏等。放射性污染物与重金属一样不能被微生物分解，潜在威胁残留在土壤中很长时间。

（4）病原菌微生物

病原菌主要是由于人畜粪便肥料的施用、污水灌溉等途径进入土壤中的。土壤中有适宜的温度和湿度，营养物质也比较丰富，对于微生物的生长繁殖很有利。这些病原菌微生物会随水流、食物等进入食物链，导致牲畜和人患病。见图 2.4。

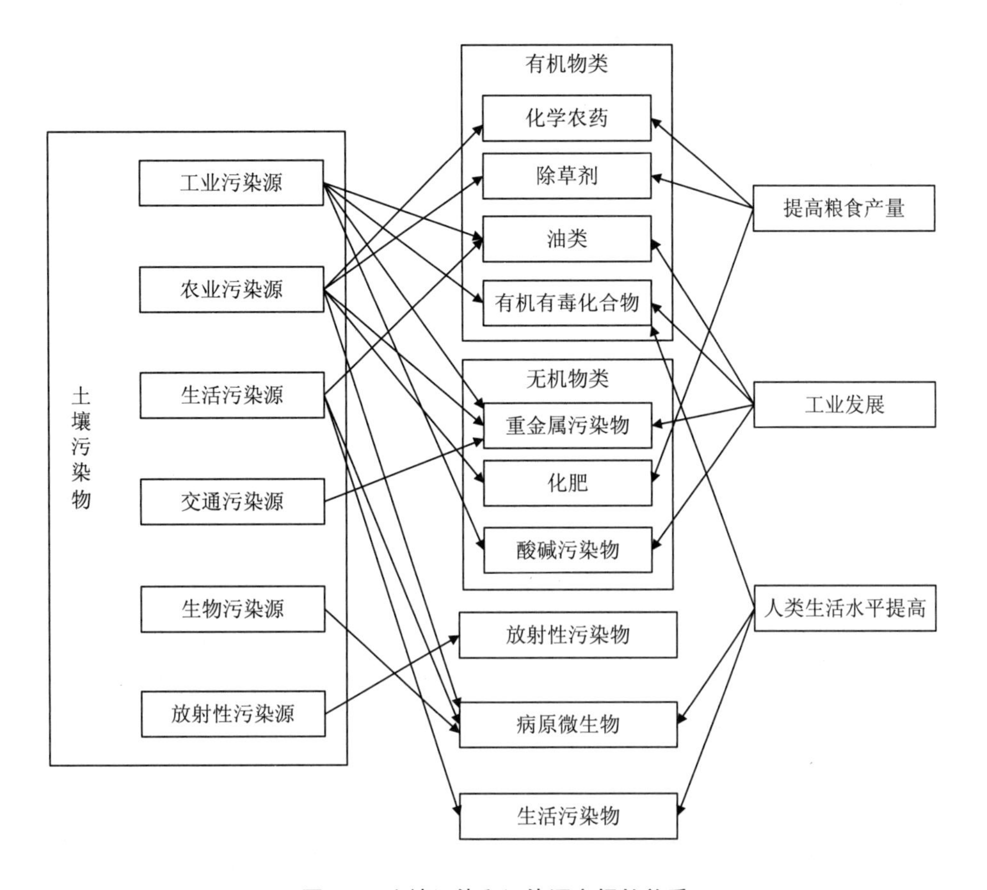

图 2.4 土壤污染和污染源之间的关系

4. 土壤环境的污染源

目前认为土壤污染绝大部分都是由人类活动引起的，土壤的污染一般都是由于人类在生产生活中肆意排放污染物造成的。所以说，土壤环境污染的污染源应该从人类的生产生活中来寻找。按照污染源的性质划分可以有如下几种。

（1）工业污染源

工业排放的主要污染物是"三废"，即废水、废气、废渣。工业废水往往成分复杂，污染物浓度比较高，这些废水不经处理就排放到地表、河流、湖泊、海洋等，造成大面积的污染。工业废水排放量比较大，即使浓度较低，也会由于污染物总量较大造成土壤的污染。工业废气会随盛行风向污染下风向的土壤，当废气中的污染物由于沉降从大气中降至地面时，就成为了土壤污染物。废渣的任意堆放也是引起土壤污染的一个重要原因，即使废渣采取了防淋滤等措施，仍然不能阻止污染物向土壤中迁移，废渣的渗滤液还有可能污染地下水。

（2）农业污染源

农业污染源是一种面源，它对土壤污染是呈片状的，如化肥和农药都是大面积地施用。农药在喷洒时有将近一半都落在地表，落在植株上的农药又随雨水的淋滤降至地面，最后仍会污染土壤。化肥是直接施用于地表的，对土壤的污染作用更为明显。农业灌溉采用污水灌溉也会导致土壤污染，因为污水中的污染物浓度和成分很难控制，加之现在大部分农村的灌溉方式都是大水漫灌，一旦进入土壤中的污染物的浓度和数量没有得到控制就会导致污染超过土壤的自然净化能力，最后导致土壤的污染。

另外，畜牧业中也有许多问题是值得注意的。在牧场上牲畜粪便的处理不及时也会引起公共卫生的污染。而牲畜粪便中的病原体引起的传染病和寄生虫病也是某些地区此类疾病屡屡发病的原因之一。

（3）生物污染源

生物污染源主要是指由于人畜粪尿滋生细菌和寄生虫等致病微生物，从而导致土壤污染的污染源。生物污染源主要集中在生活垃圾、生活污水以及饲养场的排出固体物和污水中。这些污水如果进入土壤就会把细菌和寄生虫带入土壤中，引起土壤的生物污染。

（4）交通污染源

交通污染源是指由于交通运输排出的污染物引起土壤污染的污染源。这里所说的交通主要是指公路和铁路交通，因为公路和铁路交通与土壤的联系都比较紧密。在公路交通中，最严重的是汽车尾气的铅污染，在相当长的一段时间里，在汽油中加入含铅物质以改良汽油。但是也造成了公路两侧大面积的铅污染。其特点就是污染物沿公路和铁路线两侧分布。如果是在街道密集、车辆较多的城市，这些污染地带会由于交叉纵横而连成片，使交通污染源成为面源。火车在铁路上运行时，乘客的排泄物会直接排出在铁道线上，还有一些未封闭的车厢扔出的垃圾和废物都会对土壤造成污染。

5．放射性污染源

放射性污染源的污染物只有一种，即放射性物质。它往往是以点源存在的，虽然放射性污染在土壤污染中并不是很频繁，但是放射性污染却是最难治理的土壤污染之一。放射性污染源主要包括：原子实验场、核电站、原子能的非和平释放等。

土壤环境主要污染物质见表 2.1。

表 2.1　土壤环境主要污染物质

污染物种类			主要来源
无机污染物	重金属	汞（Hg）	制烧碱、汞化合物生产等工业给水和污泥、含汞农药、汞蒸气
		镉（Cd）	冶炼、电镀、染料等工业废水、污泥和废气，肥料杂质
		铜（Cu）	冶炼、铜制品生产等废水、废渣、污泥，含铜农药
		锌（Zn）	冶炼、镀锌、纺织等工业废水和污泥、废渣，含锌农药，磷肥
		铅（Pb）	颜料、冶炼等工业废水，汽油防爆燃烧排气，农药
		铬（Cr）	冶炼、电镀、制革、印染等工业等废水和污泥
		镍（Ni）	冶炼、电镀、炼油、燃料等工业等废水和污泥
		砷（As）	硫酸、化肥、农药、医药、玻璃等工业废水、废气，农药
		硒（Se）	电子、电器、油漆、墨水等工业的排放物
	放射性元素	铯（^{137}Cs）	原子能、核动力、同位素生产等工业废水、废渣，核爆炸
		锶（^{90}Sr）	原子能、核动力、同位素生产等工业废水、废渣，核爆炸
	其他	氟（F）	冶炼、氟硅酸钠、磷酸和磷肥等工业废水、废气，肥料
		盐、碱	纸浆、纤维、化学等工业废水
		酸	硫酸、石油化工、酸洗、电镀等工业废水，大气酸沉降

污染物种类		主要来源
有机污染物	有机农药	农药生产和使用
	酚	炼焦、炼油、合成苯酚、橡胶、化肥、农药等工业废水
	氰化物	电镀、冶金、印染等工业废水，肥料
	苯并[a]芘	石油、炼焦等工业废水、废气
	石油	石油开采、炼油、输油管道漏油
	有机洗涤剂	城市污水、机械工业污水
	有害微生物	厩肥、城市污水、污泥、垃圾

资料来源：刘培桐．环境学概论．北京：高等教育出版社，1985.

6．生活污染源

土壤污染物的生活污染源是由于人类在生活中产生的污染物造成的。人类在生活中向外界排放大量有机和无机的污染物。如生活垃圾在土壤表面的堆积，生活污水在土壤表面的溢流等，这些废物废水中都含有大量有机物、无机营养元素、病原细菌等，而且尤其在乡村，人类的生活废物废水缺少较为合理的处理方式，导致生活污染成为继农业污染源之后的又一严重污染源。

7．土壤污染的危害

（1）土壤污染对农业的危害

土壤是农业最重要的生产资料，是人类的食物来源。直接影响人类的健康和生存质量，所以农业土壤污染历来是人们比较关注的土壤污染。

农田污染的主要类型有如下四种。

1）水质污染型

农田由于进行长期的污水灌溉，进入土壤中的污染物的速度和浓度已经超过了土壤净化的能力，形成水质型污染。水质型污染还有可能使深层土壤及地下水遭到污染，这种污染物类型与土壤质地和降雨量都有关系。

2）大气污染型

大气污染型主要是由于大气的干沉降和湿沉降作用将大气中的污染物带到土壤中。主要的污染物有酸性化学物质、重金属粉尘以及有害有机物。引起这种污染的原因是在土壤周边建有较大或较多的化学工业、冶炼工业、炼油厂等。污染物由污染源排出后进入大气，再由于沉降作用降至土壤中，造成土壤污染。

3）工业废渣污染

工业废渣是很难处理的一类污染物，这类污染物处理工艺复杂，处理费用高，很多工业企业不愿意或者没有能力处理自身产生的废渣，往往把工业废渣露天堆放在旷地，或者做没有下垫的简单填埋。这样废渣中的污染物就会随雨水的淋滤作用向土壤中渗透。由于工业废渣体积庞大成分复杂，往往会造成大面积的土壤污染。

4）化肥、农药以及农膜污染

化肥和农药的无计划施用，会造成土壤化学性质发生变化，改变土壤 pH，破坏土壤结构和微生物的生境，造成土壤肥力下降，影响了农作物的生长。农用地膜虽然可以提高幼苗成活率，但是很多地膜很难自然降解，长期存在于土壤中，不仅形成了白色污染，而且影响土壤的透气性和水分运动，影响农作物的生长。

（2）土壤污染对农作物的危害

1）污染物浓度达到一定水平时农作物就会遭受毒害，导致大量减产甚至死亡。例如铜等重金属，被植物吸收后重要集中在植物的根中，很少向植物的上部分转移，致使植物根部重金属浓度过高，植物还没有成熟或者收获就已经被毒害枯萎死亡。这些植物虽然对人体还没有产生危害，但是造成了农作物大量减产。

2）污染物在农作物成熟和收获的时候仍然在植物可以忍受的限度之内，在这个限度内植物仍然可以成熟，但是植物的细胞、组织或某一器官已经遭到毒害。这样的农作物被收获后，就会直接对人体产生毒害（见表 2.2）。

表 2.2　主要的农业污染物及其对农作物的污染

污染物作用	对植物的影响	典型的污染物	毒害后果
危害农作物生长	导致其他元素缺乏	铜、锰等	农作物缺乏铁元素
	危害植物细胞功能	铬、镍、铅、钼等	干扰植物新陈代谢
产生有害的作物和饲料	产量降低	镉、汞、砷	收获后危害人及禽畜健康

（3）土壤环境污染与人类健康

土壤与人类的生产生活关系十分密切，土壤是人类生活的一个平台。人类几乎所有的活动都与土壤直接或间接相关。所以，一旦土壤受到污染，其对人类的危害也是十分严重的。

土壤环境污染一旦形成，就会对人类健康产生很大的影响。如果土壤受到了有机污染，当有机物分解时，可能会产生恶臭，对人的感官会产生极为不愉快的刺激，而且有些有机物降解时会产生有毒气体，这些气体被人呼吸后，也会对人体产生毒害。污染的土壤如果是草场，那么不仅会使牧草产量减少，而且会使食草动物体内积累污染物。

人体中有许多必需的化学元素，这些元素主要是靠食物的摄取，如果在食物中这种元素的含量出现了异常，人体就会出现缺乏或富集微量元素的症状。如我国克山地区土壤中硒的含量很低，导致当地居民缺硒严重，也就是大家常说的“克山病”。而缺铁会引起缺铁性贫血；缺乏钙会影响骨质的形成；缺乏碘元素会引起甲状腺肿大等。这些都是缺乏微量元素造成的。但是，如果土壤受到了某种元素的污染，那么土壤中这种元素的含量会大大增加，人们食用了被污染的土壤中生长的粮食或蔬菜就会导致这种元素在体内大量富集，甚至引起中毒。这些元素中有些是人类不需要的，这些元素只要很微量就会出现中毒症状，还有一些元素是人体所需的微量元素，但是在人体中的富集过量后也会出现中毒症状。

在有些地区用含有镉元素的污水灌溉农田，生产出来的镉米，人食用后，镉元素会使骨骼中的钙质排出，导致骨骼脆弱和容易变形。在日本曾发生的痛痛病就是由于镉污染引起的（见表 2.3）。

表 2.3 环境中有毒物质及毒害作用分类表

种类	毒害作用	代表物质
刺激物	引起皮肤或黏膜（如眼睛、咽喉）的发炎或损害或呼吸困难	二氧化硫、二氧化氮、硫化氢、氯气、光气等
窒息剂	以物理或化学的方式夺走人体中的氧，使人体无法利用氧气	一氧化碳、氰化氢
麻醉剂	引起昏迷或昏睡，中枢神经系统的抑制剂	甲苯、二甲苯、乙醚等
肝毒剂	导致肝功能减退的化学物质，碳氢化合物的氯化衍生物	四氯化碳、四氯乙烯、二铝化碳
肾毒剂	引起肾功能衰退	肝毒剂的氯化碳氢化合物
神经毒素	能损害神经系统或影响其正常工作	重金属，如汞、锰、铅；有机磷类的杀虫剂
血液毒素	能损害血液或造血系统	苯、苯胺、胂气、萘（樟脑丸的主要成分）、硝基苯
肺毒素	能损害肺部功能的有毒化学物质	石棉、可吸入颗粒物
过敏源	对较敏感的人在第一次暴露于极低浓度后引起过敏反应	异氰酸盐类化合物（用于生产海绵）
致癌物	可以促进或加速癌症生成的有毒化学物质	致癌物质在环境中浓度很低，而且发病的潜伏期很长，代表物质有：石棉、氯乙烯、多氯联苯等
致突变物	能引起人类细胞染色体不正常变化的有毒化学物质	多环芳烃、核废料
致畸物	能影响胎儿正常发育的有毒化学物质	放射性物质、某些类固醇、DDT、乙二醇醚等

第二节 土壤监测

一、土壤环境的物理特性

（一）土壤物理特性指标

由于土壤环境是由固、液、气三相组成的分散体系，三相物质彼此相互影响，形成各种物理性质，这些物理性质的差异是导致土壤环境功能差异的主要原因。反映土壤物理特性的指标主要有土壤的密度、容重和孔隙度等。

1. 土壤密度

单位体积土壤固相颗粒的重量和同体积水的重量之比（量纲一），就是土壤的相对密度。计算公式为 $d=m/M$，式中 m 为土壤固相的重量（g/cm^3），M 为同体积水的重量（g/cm^3）。土壤密度是土壤矿物质和有机质颗粒的密度的平均值，其大小决定于土壤矿物的组成和腐殖质的含量。一般土壤固相密度的平均值为 2.65 g/cm^3 左右，含铁矿物较多的土壤密度可大于 3 g/cm^3，有机质含量丰富的土壤密度有的可小于 2.4 g/cm^3。

2. 土壤容重

单位体积的原状土体（包括固体和孔隙在内）的干土重，称为土壤容重（g/cm^3）。土壤容重是由土壤孔隙及土壤固体的数量决定的，其大小取决于土壤矿物的组成、质地、结构以及固体颗粒排列紧密程度等。一般随着土壤中矿物的增多，容重随之增大。有机质含量高、疏松多孔的土壤容重就小；有机质含量低，比较紧实的土壤容重就高。土壤底土的平均容重为 1.2～1.4 g/cm^3，不同之地的土壤容重差别很大，黏土、重壤土的容重约为 1.0～1.6 g/cm^3，砂土和砂壤土由于砂质颗粒接触紧密，容重较高，可达 1.8～2.0 g/cm^3。

3. 土壤孔隙度

土壤固相是由不同的颗粒和团聚体构成的分散系，它们之间形成了大小不同、外形不规则和数量不等的空间，这些空间就是土壤孔隙，通常为土壤、水和空气所占据。单位体积土壤中孔隙所占的体积百分数就称为土壤孔隙度。在测得土壤密度和容重后，可按此公式计算土壤的孔隙度：

$$P = (1 - d / d_1) \times 100 \tag{2-1}$$

式中：P——孔隙度，%；

d_1——土壤密度；

d——容重。

土壤孔隙度的大小与土壤质地、结构和有机质含量有关，一般平均为 40%～60%。随着土壤质地变细，孔隙度也增加；有机质含量高的土壤孔隙度也就高，如泥炭土的孔隙度可达 60%～80%；而一些紧实的心土或底土层孔隙度可低至 25%～30%。

（二）土壤孔性

土壤的孔性是指整个土体的孔隙度及大小孔隙的分配性状和比例特征。孔性是土壤的重要物理性质，孔性良好的土壤有利于肥力因素的协调作用，并有利于植物根系的生长。

1. 土壤孔隙分类

根据孔径的大小可将土壤孔隙分为毛管孔隙和非毛管孔隙两种。土壤孔隙直径＜0.1 mm 的称为毛管孔隙，它使土壤具有持水能力，决定着土壤的蓄水性；孔隙直径＞0.1 mm 的孔隙称为非毛管孔隙（或通气孔隙），它不具有持水能力，但能使土壤具有透水性，决定着土壤的通透性。此外，孔径＜0.001 mm 的微小孔隙也称无效孔隙，由于其中水分所受吸力很大，基本上不能运动，植物难以利用。

孔隙度也可分为毛管孔隙度和非毛管孔隙度两种。通常非毛管孔隙度的大小取决于土壤团聚体的大小，团聚体越大，非毛管孔隙度也越大。毛管孔隙度则随着土壤分散度或结构破坏程度的增加而增加。土壤总孔隙度影响着土壤水分和空气的总含量，毛管孔隙度和非毛管孔隙度则决定着水、气的比例关系。

2. 土壤孔性评价

好的土壤孔性表现为既有较多的孔隙容量又有适当的大、小孔隙的分配。因为土壤孔隙度只说明土壤中固相容积和孔隙容积的数量比例，不能反映土壤孔性的“质”的差别。即使两种土壤的孔隙度相同，如果大、小孔隙的数量分配不同，则它们的保水、导水、通气等性质也会有显著差异。实验证明，一般作物适宜的土壤孔隙度是 50%左右；毛管孔隙与非毛管孔隙之比约为 1∶0.5 为宜，即毛管孔隙度要高于非毛管孔隙，但是无效孔隙则愈少愈好。近年的研究表明，只要有 10%左右的非毛管孔隙，就能保证土壤的通气透水性。

不同作物种类，乃至同一作物的不同生育期，对土壤孔隙度的要求亦各有不同。如水稻插秧时要求土壤浸水容重在 0.6 左右，以后土壤逐步沉实，至禾苗封行后，要求土壤较为紧实，容重约为 1.0。黄瓜的根系生长，在土壤容重为 1.45 g/cm^3、孔隙度为 45.5%时，即受阻碍。小麦根系的穿透力较强，在土壤容重达 1.63 g/cm^3、孔隙度为 38.7%时，生长才受抑制，即受阻碍。

3. 土壤孔性对污染物迁移的影响

土壤的孔隙性状对土壤污染物的过滤截留、物理和化学吸附、化学分解以及微生物降解均有重要影响。在利用污水灌溉的地区，如果土壤孔隙度（主要是非毛管孔隙度）大，好气性微生物的活动就活跃，可以加速污水中有机质的分解，使其较快地转化为无机物。此外，通气孔隙量大的土壤下渗强度和下渗量就大，这样土壤上层的有机或无机污染物容易被淋溶，从而对地下水造成污染。

（三）土壤质地

土壤质地是指土壤中各粒级土粒含量的相对比例或重量百分数，亦称土壤机械组成。在自然界中，任何一种土壤，都是由很多大小不同的土粒，按不同的比例组合而成的。按土壤质地对土壤所作的分类叫做土壤质地分类，通常划分为砂土、壤土、黏土三个质地组。不同质地组可概括地反映出土壤的某些基本特性。同属一质地组的土壤，其质地有一定的变动范围，故又可细分为若干质地名称。即使同一质地名称的土壤，其质地也只是大体相近，而不是完全相同的。

对于土壤质地的分类标准，各国也很不统一。当前我国常用苏联卡庆斯基的土壤质地分类，它是将土粒分为物理性黏粒（大于 0.01 mm）和物理性砂粒（小于 0.01 mm），再根据二者的相对含量划分为三类六种质地名称。国际制土壤质地分类在我国和欧美等国也用得较广泛。近年来，我国土壤科学工作者在总结农民经验的基础上，拟出了我国土壤质地分类，将土壤质地分为三组十一种，其标准见表 2.4。

表 2.4 我国土壤质地分类

质地组	质地名称	颗粒组成/%		
		砂粒 1～0.05 mm	粗粉粒 0.05～0.01 mm	粉粒 ＜0.01 mm
砂土	粗砂土	＞70		
	细砂土	60～70		
	面砂土	50～60		
壤土	砂粉土	＞20		
	粉土	＜20	＞40	＜30
	粉壤土	＞20	＜40	
		＜20		
		＞50		＞30
黏土	粉黏土			30～50
	壤黏土			35～40
	黏土			＞40

土壤质地在一定程度上反映了土壤矿物组成和化学组成，同时，土壤颗粒大小与土壤物理性质有密切关系，并影响土壤孔隙状况，从而对土壤水分、空气、热量的运动和养分的转化有很大影响，因此，不同质地的土壤表现出不同的性状（见表 2.5）。

表 2.5 土壤质地与土壤性状

土壤性状	土壤质地		
	砂土	壤土	黏土
比表面积	小	中等	大
紧密性	小	中等	大
孔隙状况	大孔隙多	中等	细孔隙多
通透性	大	中等	小
有效含水量	低	中等	高
保肥能力	小	中等	大
保水分能力	低	中等	高
在春季的土温	暖	凉	冷
触觉	砂	滑	黏
牵引力	小	中等	大
耕作难易	中等	最易	最难

（四）土壤结构

土壤固相颗粒通常相互作用而聚积成大小不同、形状各异的团聚体，各种团聚体的排列组合特性，就是土壤结构。根据团聚体的几何形状和大小，土壤结构大体上可分为以下几种类型：粒状-团块结构、块状结构、核状结构、柱状结构和片状结构。

评定土壤结构质量优劣的主要指标是团聚体的稳定性及孔隙性。稳定性包括机械稳定性、水稳定性和生物学稳定性。良好的土壤结构应是受外力积压不易破碎，遇水不散，抗微生物破坏能力强。孔隙性就是土壤中孔隙的大小、分布和量的多少。有机胶体形成的团聚体孔隙多，孔隙度＞40%，有的可达 60%；无机黏粒形成的团聚体孔隙少，孔隙度＜40%，且大部分属于非活性孔隙，水、空气和植物根部难以进入。各种土壤结构中，团粒状结构的综合性能最佳，它较好地解决了土壤透水性与蓄水性、通气性的矛盾。其内部团粒与团粒之间有大量非毛管孔隙，可减少地面径流的损失，有利于土壤透水性和通气性；而团粒内部或团粒与单粒之间存在大量的毛管孔隙，由于毛管力的作用，使其吸水和蓄水能力较强。

二、土壤环境的化学性质

（一）土壤环境中的化学平衡体系

土壤环境是一个复杂的化学体系，其组分中的各种化学元素或化合物之间相互反应、相互作用，共同形成一个暂时的动态平衡体系。进入土壤中的污染元素或化合物的行为过程，都直接受到这个平衡体系的控制。人们可以利用土壤中各种化合物的平衡条件以及平衡条件变化后的化学平衡移动特征，通过化学平衡的转变来提高土壤营养元素释放的数量和有效性，同时降低或减少污染元素或化合物的危害。

1．化学平衡热力学基础

我们先来讨论化学平衡的一般性规律。这里所讨论的反应均具有可逆性。如果反应是可逆的，对于由特定反应物和生成物所组成的反应体系，总存在一种平衡状态，在平衡状态时正向反应和逆向反应的速度相等，而组成保持不变。设反应方程式如下：

$$aA+bB=cC+dD$$

当到达平衡状态时，正向反应速度为：$s_1=k_{r_1}[A]^a[B]^b$，逆向反应速度与其相等，表达式为：$s_2=k_{r_2}[C]^c[D]^d$。由此可得此反应的平衡常数为：

$$K=\frac{k_{r_1}}{k_{r_2}}=\frac{[C]^c[D]^d}{[A]^a[B]^b} \tag{2-2}$$

以上各式中方括弧表示物质的浓度，k_{r_1} 和 k_{r_2} 为反应速度常数。

这是所谓的质量作用定律，只能做到近似准确。若将热力学应用到化学反应上，则可得到关于平衡必要条件的精确数值。热力学的平衡常数为：

$$K_0=\frac{(C)^c(D)^d}{(A)^a(B)^b} \tag{2-3}$$

式中：圆括弧表示物质的化学活度。

在反应混合物中，每种化学物质都具有一定的“自由”能量，称为化学势μ_k，它取决于反应体系的压力 P 和温度 T。物质的化学特性，还决定于混合物中该物质与其他物质的混合比，将这个因素独立出来，化学势可写作：

$$\mu_k=\mu_k^0+\Delta\mu_k^c \tag{2-4}$$

式中：μ_k^0 为物质标准状态的化学势；$\Delta\mu_k^c$ 为浓度变数项，通常以标准压力和温度下的纯化合物作为标准状态。对于理想混合体系来说，浓度变数项与该物质在混合物中的摩尔分数 M_k 有关，即

$$\mu_k=\mu_k^0+RT\ln M_k \tag{2-5}$$

对于非理想混合体系，上式可改写为：

$$\mu_k=\mu_k^0+RT\ln a_k \tag{2-6}$$

式中：a_k 就是 k 物质的活度（对气体则称为逸度）。若以纯化合物作为标准状态，则纯化合物的活度必为 1，正好是其摩尔分数。当混合物中含有少量杂质时，完全可以将其主要化合物的摩尔分数作为它的活度。

2．代表性元素的土壤平衡体系

土壤中化学元素的平衡体系除了受元素和化合物浓度、环境温度、压力影响外，还受到土壤胶体性质、土壤 pH 值以及氧化还原 Eh 值的影响。一些代表性元素在土壤中的化学平衡体系如下：

（1）铜

铜的固体氧化物、氢氧化物和碳酸盐进入土壤以后，在有 H^+存在的条件下很容易被溶解，从而进入土壤溶液。例如：

$$CuO（黑铜矿）+ 2H^+ \Longleftrightarrow Cu^{2+} + H_2O$$

$$Cu(OH)_2（晶质）+ 2H^+ \Longleftrightarrow Cu^{2+} + 2H_2O$$

$$Cu_2(OH)_2CO_3（孔雀石）+ 4H^+ \Longleftrightarrow 2Cu^{2+} + CO_2 + 3H_2O$$

离解出的 Cu^{2+}进入土壤溶液或是被胶体所吸附。此外进入土壤中铜的含氧硫酸盐类也很容易被溶解从而进入土壤溶液。

（2）锌

土壤中锌的化学平衡通式可写作 $Zn^{2+}+2e=Zn$（晶质）；锌的氢氧化物可表示为：$Zn(OH)_2+2H^+=Zn^{2+}+2H_2O$；锌的碳酸盐类为 $ZnCO_3+2H^+=Zn^{2+}+CO_2+H_2O$。

进入土壤中的矿物锌溶解度顺序为：$Zn(OH)_2$（无定形）＞$Zn(OH)_2$（晶质）＞$ZnCO_3$＞ZnO＞Zn_2SiO_4＞Zn（土壤）＞$ZnFe_2O_3$。$Zn(OH)_2$、$ZnCO_3$、ZnO 在土壤中都易溶解，可为植物提供锌元素。pH 值不同的土壤溶液，Zn 构成的离子形态也不同。在 pH＜7.7 的溶液中锌的存在形式为 Zn^{2+}；在 pH＞7.7 的溶液中以 $Zn(OH)^+$为主；在 pH＞9.11 的溶液中以电中性 $Zn(OH)_2$ 为主，在通常土壤溶液的 pH 值范围内不会存在较多的 $Zn(OH)_3^-$和 $Zn(OH)_4^{2-}$。

（3）镉

镉是土壤中的痕量元素，土壤中一般不存在结晶固体的镉，但是工业废弃物对土壤镉的污染却不容忽视。在酸性土壤中 $Cd_3(PO_4)_2$ 极易溶解，在碱性石灰土壤中 $CdCO_3$ 比较稳定。在还原条件下由于 H_2S 的存在，镉与硫结合形成 CdS 而沉淀，平衡方程式为

$$Cd^{2+}+S^{2-}=CdS（硫镉矿）$$

$$SO_4^{2-}+8e+8H^+=S^{2-}+4H_2O$$

$$Cd（土壤）+SO_4^{2-}+8e+8H^+=CdS+4H_2O$$

当土壤溶液中 SO_4^{2-}的浓度达到 0.003 mol/L 时，CdS 沉淀就会产生。

（4）磷

磷是植物的重要营养元素，在土壤中磷的存在形态有数十种之多，主要平衡反应也有 50 多种。

正磷酸盐的平衡反应为 $H_3PO_4=H^++H_2PO_4^-$

$$H_2PO_4^-=H^++HPO_4^{2-}$$

$$HPO_4^{2-}=H^++PO_4^{3-}$$

$$2H_2PO_4^-=(H_2PO_4)_2^{2-}$$

铝、铁、钙、镁、锰、钾磷酸盐的平衡反应式以被 H^+替代而衍生。土壤中阴离子的交换性能会影响到磷在土壤中的状态，因为可形成黏粒——$Ca\text{-}H_2PO_4$ 连接体。在 1∶1 型黏土矿物中，三水铝石 Al-OH 层中的羟基能交换吸收数量较多的 PO_4^{3-}；在碱性土壤中易形成难溶性磷酸钙，平衡式为：

$$Ca(H_2PO_4)_2+2Ca^{2+}=Ca_3(PO_4)_2\downarrow+4H^+$$

$$Ca(H_2PO_4)_2+2Ca(HCO_3)_2=Ca_3(PO_4)_2\downarrow+4CO_2+4H_2O$$

在酸性土壤中则易形成铁、铝、锰等磷酸化合物。

（二）土壤环境中的氧化还原平衡体系

氧化还原反应中氧化剂释放出电子被氧化，还原剂取得电子被还原，共同构成氧化还原体系。土壤环境中存在许多氧化还原物质，形成了多种氧化还原体系（见表 2.6）。

表 2.6 土壤中常见的氧化还原体系

	体系	E^0/V		Pe^0=lgK
		pH=0	pH=7	
氧体系	$\frac{1}{4}O_2 + H^+ \Longleftrightarrow \frac{1}{2}H_2O$	1.23	0.84	20.8
锰体系	$\frac{1}{2}MnO_2 + 2H^+ + e \Longleftrightarrow \frac{1}{2}Mn^{2+} + H_2O$	1.23	0.40	20.8
铁体系	$Fe(OH)_3 + 3H^+ + e \Longleftrightarrow Fe^{2+} + 3H_2O$	1.06	–0.16	17.9
氮体系	$\frac{1}{2}NO_3 + H^+ + e \Longleftrightarrow \frac{1}{2}NO_2 + \frac{1}{2}H_2O$	0.85	0.54	14.1
	$NO_3 + 10H^+ + 8e \Longleftrightarrow NH_4^+ + 3H_2O$	0.88	0.36	14.9
硫体系	$\frac{1}{8}SO_4^{2-} + \frac{5}{4}H^+ + e \Longleftrightarrow \frac{1}{8}H_2S + \frac{1}{2}H_2O$	0.30	–0.21	5.1
有机碳体系	$\frac{1}{8}CO_2 + H^+ + e \Longleftrightarrow \frac{1}{8}CH_4 + \frac{1}{4}H_2O$	0.17	–0.24	2.9
氢体系	$H^+ + e \Longleftrightarrow \frac{1}{2}H_2$	0	–0.41	0

1. 特点

大气中的氧是土壤环境中最主要的氧化剂，土壤的生物化学过程的方向和强度，在很大程度上取决于土壤空气和溶液中氧的含量。当土壤中的 O_2 被消耗掉后，其他氧化态物质如 NO_3^-、Fe^{3+}、Mn^{4+}、SO_4^{2-}依次作为电子受体被还原，这种现象称为顺序还原作用。土壤中的主要还原性物质是有机质，尤其是新鲜未分解的有机质，它们在适宜的温度、水分和 pH 条件下还原能力极强。土壤中的氧化还原体系较纯溶液复杂，主要有以下几个特点：

（1）土壤中的氧化还原体系有无机体系和有机体系两类。无机体系包括有氧体系、铁体系、锰体系、氮体系、硫体系和氢体系等，有机体系则包括不同分解程度的有机化合物、微生物的细胞体及其代谢产物，如有机酸、酚、醛类和糖类等化合物。

（2）土壤中的氧化还原反应虽然属化学反应，但很大程度上是由生物完成的。

（3）土壤是一个不均匀的多相体系，测定 Eh 值时，要选择代表性土样，最好多点测定平均值。

（4）土壤中氧化还原平衡是动态的、经常变动的，不同时间和空间、不同耕作管理措施等都会改变 Eh 值。

2. 影响因素

影响土壤环境中氧化还原体系的因素主要有如下几个。

（1）土壤结构

土壤结构对氧化还原体系的影响主要是通过土壤通气状况来实现的。通气状况决定了土壤空气中氧的浓度，通气良好的土壤与大气间气体交换迅速，土壤中氧的浓度较高，因此 Eh 值也较高；反之，通气孔隙少的土壤，与大气交换缓慢，氧浓度较低，Eh 值较低。

（2）土壤微生物

土壤中微生物的活动会消耗氧，所消耗的氧可能是游离态的气体氧，也可能是化合物中的化合态氧。微生物活动越强，耗氧就越多，此时土壤溶液中的氧压降低，或使还原态物质的浓度相对增加，从而导致 Eh 值下降。

（3）土壤有机质

土壤中有机质的分解以耗氧过程为主，因此在一定的通气条件下，土壤中易分解的有机质越多，耗氧越多，氧化还原电位 Eh 就越低。一般土壤中易分解的有机质包括植物组成中的糖类、淀粉、纤维素、蛋白质等以及微生物某些中间分解产物和代谢产物。新鲜的有机物质（如绿肥）含易分解的有机质较多。

（4）植物根系

植物根系的分泌物可直接或间接影响土壤的氧化还原电位。植物根系分泌物含有多种有机酸，造成特殊的根际微生物活动条件，有一部分分泌物还能直接参与土壤的氧化还原反应，例如水稻根系能分泌氧，使根际土壤的 Eh 值较根外土壤高。

（5）土壤 pH 值

土壤 pH 和 Eh 的关系在理论上为$\Delta Eh/\Delta pH = -59$ mV（即在通气不变的条件下，pH 每上升一个单位，Eh 要下降 59 mV），但实际情况要复杂得多。一般能够肯定的只是土壤 Eh 随 pH 值的升高而下降。据测定，我国 8 个红壤性水稻土样本$\Delta Eh/\Delta pH$ 的值，平均为 85 mV，变化范围在 60～150 mV 之间；13 个红黄壤平均$\Delta Eh/\Delta pH$ 约为 60 mV，接近于 59 mV。

（三）土壤环境中的酸碱物质体系

土壤作为一个化学体系在其物质转化过程中会产生各种酸性和碱性物质，这些物质溶解进入土壤溶液以后，土壤溶液含有 H^+和 OH^+的浓度比例决定了土壤溶液的酸碱反应。土壤酸碱度分级见表 2.7。

表 2.7 土壤酸碱度分级

pH	酸碱分级	pH	酸碱分级
＜4.5	强酸性	7.5～8.5	弱碱性
4.5～5.5	酸性	8.5～9.5	碱性
5.5～6.5	弱酸性	＞9.5	强碱性
6.5～7.5	中性		

1. 土壤酸性的形成机理

土壤酸性的形成过程也就是土壤的酸化过程，它始于土壤溶液中的活性 H^+离子和土壤胶体上被吸附的盐基离子交换，盐基离子进入溶液，而后遭雨水淋失，使土壤胶体上的交

换性 H^+不断增加，并随之出现交换性铝，从而形成酸性土壤。

（1）土壤中 H^+离子的来源

这主要和土壤胶体的吸附作用有关。在多雨湿润的自然气候条件下，降水量大于蒸发量，土壤淋溶作用强烈，也就是土壤溶液中的盐基离子随渗滤水向下移动，使土壤中易溶性成分减少。这时溶液中的 H^+离子取代土壤吸收性复合体上的金属离子，为土壤所吸附，使土壤盐基饱和度下降，氢饱和度增加，引起土壤酸化。在吸附交换过程中土壤溶液中的 H^+离子补给途径有：水的解离，碳酸和有机酸的解离，酸雨以及土壤中其他的无机酸等。

（2）土壤中铝的活化

土壤溶液中的 H^+离子随着阳离子交换作用进入土壤吸收性复合体，当复合体或铝硅酸盐黏粒矿物表面吸附的 H^+超过一定的限度时，这些胶粒的晶体结构就会遭到破坏，有些铝离子的八面体结构被解体，变成活性铝离子，被吸附在带负电荷的黏粒表面，变成交换性铝离子。交换性铝的出现是土壤酸化的标志。

2．土壤碱性的形成机理

土壤中的碱性物质有钙、镁、钠的碳酸盐和碳酸氢盐以及胶体表面吸附的交换性钠等。土壤碱性反应的主要机理是碱性物质的水解反应。

（1）碳酸钙水解

在石灰性土壤和交换性钙占优势的土壤中，碳酸钙可通过水解作用产生 OH^-离子，反应式如下：

$$CaCO_3 + H_2O \Longleftrightarrow Ca^{2+} + HCO_3^- + OH^- \quad (2\text{-}7)$$

HCO_3^-与土壤空气中的 CO_2 处于下面的平衡关系：

$$CO_2 + H_2O \Longleftrightarrow HCO_3^- + H^+ \quad (2\text{-}8)$$

因此石灰性土壤的 pH 主要是受土壤空气中 CO_2 分压控制的。

（2）碳酸钠的水解

碳酸钠在水中能发生碱性水解，使土壤呈强碱性反应。土壤中碳酸钠的来源有：碳酸氢钠转化、硅酸钠与碳酸反应以及水溶性钠盐与碳酸钙反应生成。

（3）交换性钠的水解

交换性钠呈强碱性反应，是碱化土的重要特征。碱化土的形成必须具备的条件一是有足够数量的钠离子与土壤胶体表面吸附的钙、镁离子交换，二是土壤胶体上交换性钠解吸并产生苏打盐类。交换产生了 NaOH，使土壤呈碱性反应。但由于土壤中不断产生 CO_2，所以交换产生的 NaOH 实际上是以 Na_2CO_3 或 $NaHCO_3$ 形态存在的。

3．土壤的酸度和碱度

根据 H^+存在的形式，土壤酸度分为活性酸和潜性酸两种。活性酸是指土壤溶液中的氢离子浓度，代表了土壤的酸碱度，其数量指标是土壤的 pH 值。潜性酸是指土壤固相物表面吸附的交换性 H^+、Al^{3+}离子，这些离子的酸性只有在被交换进入土壤溶液后才能显示出来。一般土壤潜性酸数量比活性酸大 3～4 个数量级，是土壤酸度的容量指标，它与活性酸处于动态平衡中。根据表示方法的不同，潜性酸又可分为交换性酸度和水解性酸度。交换性酸度是用中性盐类如 KCl、NaCl 或 $BaCl_2$ 等溶液处理土壤，把胶体表面 H^+和 Al^{3+}离子交换下后显示的酸度。水解性酸度是用弱酸强碱的盐类溶液（通常为 pH=8.2 的 1 mol NaOAc 溶液）浸提土壤，将吸附的 H^+和 Al^{3+}用 Na^+完全交换后测得的土壤酸度。土壤的水解性酸度一般大于交换性酸度，这是因为用中性盐液处理土壤的交换反应是可逆的阳离子交换平衡，交换反应容易逆转，因此所测得的交换性酸量是指土壤潜性酸量的大部分而非全部。

土壤碱度是土壤溶液中 OH^-的浓度大于 H^+的浓度时所显示出的性质，土壤 pH 值越大，碱性越强。除了用 pH 值表示土壤碱度外，还可以用碳酸盐和重碳酸盐碱度之和，即总碱度表示。也有用土壤胶体表面交换性钠占阳离子交换量的百分数即钠饱和度来表示土壤碱度的。土壤的钠离子饱和度也叫土壤碱化度，碱化度 5%～10%的为弱碱化土，10%～15%为中碱化土，15%～20%为强碱化土，碱化度＞20%为碱土。

第三章　土壤样品的采集与制备

第一节　土壤采样点的布设

为获取有代表性的土壤样品，土壤采样布点必须遵循随机和等量的原则。样品是由总体中随机采集的一些个体所组成，个体之间存在变异。因此样品与总体之间，既存在同质的“亲缘”关系，样品可作为总体的代表，但同时也存在着一定程度的异质性，差异愈小，样品的代表性愈好；反之亦然。为了使采集的监测样品具有好的代表性，必须避免一切主观因素，使组成总体的个体有同样的机会被选入样品，即组成样品的个体应当是随机地取自总体。另一方面，一组需要相互之间进行比较的样品应当有同样的个体组成，否则样本大的个体所组成的样品，其代表性会大于样本少的个体组成的样品。所以“随机”和“等量”是决定样品具有同等代表性的重要条件。

一、布点原则

土壤监测点位布设方法和布设数量是根据其目的和要求，并结合现场勘查结果确定该区域内土壤监测点位。同时必须遵循如下 5 个原则。

（一）全面性原则

布设的点位要全面覆盖不同类型调查监测单元区域。

（二）代表性原则

针对不同调查监测单元区域土壤的污染状况和污染空间分布特征采用不同布点方法，布设的点位要能够代表调查监测区域内土壤环境质量状况。

（三）客观性原则

具体采样点选取应遵循“随机”和“等量”原则，避免一切主观因素，使组成总体的个体有同样的机会被选入样品，同级别样品应当有相似的等量个体组成，保证相同的代表性。

（四）可行性原则

布点应兼顾采样现场的实际情况，考虑交通、安全等方面情况；保证样品代表性最大化、最大限度节约人力和实验室资源。

（五）连续性原则

布点在满足本次调查监测要求的基础上，应兼顾以往土壤调查监测布设的点位情况，并考虑长期连续调查监测的要求。

二、布点方法

（一）简单随机

将监测单元分成网格，每个网格编上号码，决定采样点样品数后，随机抽取规定的样品数的样品，其样本号码对应的网格号，即为采样点。随机号码的获得可以利用抽签的方法。简单随机布点是一种完全不带主观限制条件的布点方法。

（二）分块随机

根据收集的资料，如果调查监测区域内的土壤有明显的几种类型，则可将区域分成几块，每块内污染物较均匀，块间的差异较明显。将每块作为一个监测单元，在每个监测单元内再随机布点。在正确分块的前提下，分块布点的代表性比简单随机布点好，如果分块不正确，分块布点的效果可能会适得其反。

（三）系统随机

将监测区域分成面积相等的几部分（网格划分），每网格内布设一采样点，这种布点称为系统随机布点。如果区域内土壤污染物含量变化较大，系统随机布点比简单随机布点所采样品的代表性要好。布点方式示意见图 3.1。

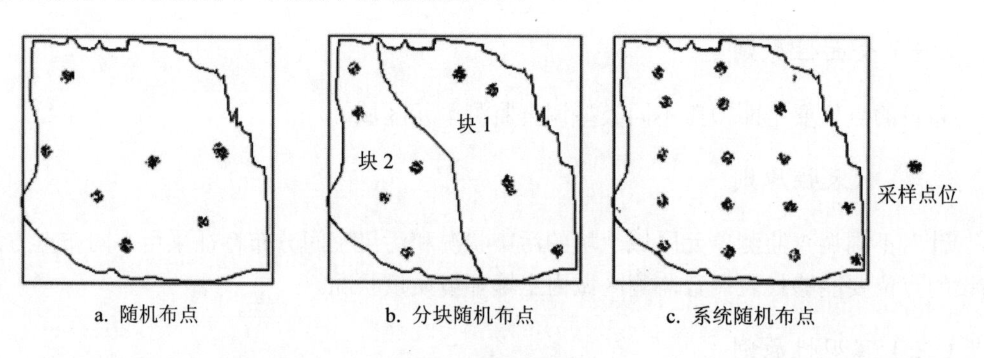

图 3.1 布点方式示意

三、点位数量

土壤监测的布点数量要满足样本容量的基本要求，即由均方差和绝对偏差、变异系数和相对偏差计算样品数是样品数的下限数值。

1. 由均方差和绝对偏差计算样品数

用下列公式可计算所需的样品数：

$$N=t^2s^2/D^2$$

式中：N 为样品数；t 为选定置信水平（土壤环境监测一般选定为 95%）一定自由度下的 t 值；s^2 为均方差，可从先前的其他研究或者从极差 $R(s^2=(R/4)^2)$估计；D 为可接受的绝对偏差。

示例：某地土壤多氯联苯（PCB）的浓度范围 0～13 mg/kg，若 95%置信度时平均值与真值的绝对偏差为 1.5 mg/kg，s 为 3.25 mg/kg，初选自由度为 10，查 t=2.23 则

$$N=(2.23)^2(3.25)^2/(1.5)^2=23$$

因为 23 比初选的 10 大得多，重新选择自由度查 t 值计算得：

$$N=(2.069)^2(3.25)^2/(1.5)^2=20$$

20 个土壤样品数较大，原因是其土壤 PCB 含量分布不均匀（0～13 mg/kg），要降低采样的样品数，就得牺牲监测结果的置信度（如从 95%降低到 90%）或放宽监测结果的置信度（如从 1.5 mg/kg 增加到 2.0 mg/kg）。

2．由变异系数和相对偏差计算样品数

$N=t^2s^2/D^2$ 可变为：

$$N=t^2C_V^2/m^2$$

式中：N 为样品数；t 为选定置信水平（土壤环境监测一般选定为 95%）一定自由度下的 t 值；C_V 为变异系数，%，可从先前的其他研究资料中估计；m 为可接受的相对偏差，%，土壤环境监测一般限定为 20%～30%。

没有历史资料的地区、土壤变异程度不太大的地区，一般 C_V 可取 10%～30%粗略估计。实际工作中土壤布点数量还要根据调查目的、调查精度和调查区域环境状况等因素确定。一般要求每个监测单元最少设 3 个点。

3．区域土壤环境调查

按调查的精度不同可从 2.5 km、5 km、10 km、20 km、40 km 中选择网距网格布点，区域内的网格节点数即为土壤采样点数量。

四、注意事项

（1）布点验证：点位布设不能最终确定前，可进行现场调查及预采样相结合，根据背景资料与现场考察结果，采集一定数量的样品分析测定，用于初步验证污染物空间分异性和判断土壤污染程度，为布点方式作适当的验证。

（2）补充布点：正式采样、监测结束后，若发现布设的样点未能满足调查目的，则要增设采样点补充采样。

（3）点位布设经现场勘查，遇到下列几种情形的，应予以调整。

①当采样区落在大面积为水面（河湖、库）区域时，应取消该区域点位；网格内部分区域为河（湖、库）区内时，应将点位平移至网格区内的最近距离的非河（湖、库）区选

择备采点。②当采样区以农田土壤为主，采样点落在公路带时，在公路两侧 300 m 以外分别选取一个点作为备采点采样。③当采样区落在高原区，区域受人类生产活动影响较小，可适当缩减区域内监测点位，在适合采样地布设点位，使监测结果基本可代表高原区域内所有土壤环境质量。④避免在山林（草、沙）区中心地带选点。⑤坡脚、洼地等具有从属景观特征的地点不设采样点。⑥城镇、住宅、道路、沟渠、粪坑、坟墓附近等处人为干扰大，失去土壤的代表性，不宜设采样点。⑦尽量避开多种土类、多种母质母岩交错分布的地区布设采样点。

第二节　土壤样品的采集

一、采样准备

1．组织准备

编写详细的工作方案，由具有野外调查经验且掌握土壤采样技术规程的专业技术人员、后勤保障人员、质控人员等组成采样组，明确责任分工，责任到人，采样前需组织培训学习有关技术文件，了解监测技术规范。

2．资料收集

收集包括监测区域的交通图、土壤图、地质图、大比例尺地形图、土地利用图、植被分布图、本区域名胜古迹、重点环境保护目标等方面资料，制作采样工作图和标注采样点位用。收集包括监测区域土类、成土母质等土壤信息资料。收集工程建设或生产过程对土壤造成影响的环境研究资料，造成土壤污染事故的主要污染物的毒性、稳定性以及如何消除等资料，土壤历史资料和相应的法律（法规），监测区域工农业生产及排污、污灌、化肥农药施用情况资料，监测区域气候资料（温度、降水量和蒸发量）、水文资料以及监测区域遥感与土壤利用及其演变过程方面的资料等。

3．布点设计及现场勘查

在现场勘查之前，根据调查目的进行初步设计，确定调查区域内理论监测点位集，并且编制方案。然后，通过必要的现场勘查最终对理论布点进行检验和优化，形成调查区域内实际进行监测的点位集，并修订方案。现场勘查主要包括对以地图初步布设的监测点利用 GPS 进行校正、进行土样采集可行性勘查、对布点进行优化和调整。

4．采样器具准备

（1）工具类：镐头、铁锹、铁铲、圆状取土钻、螺旋取土钻、竹片以及适合特殊采样要求的工具等。

（2）器材类：GPS、罗盘、数码照相机、卷尺、铝盒、样品袋、样品瓶、运输箱等。

（3）文具类：土壤样品标签（表 3.1）、点位编号标志、土壤比色卡、剖面标尺、采样现场记录表（表 3.2）、铅笔、资料夹等。

（4）现场采样定性试剂等。

（5）安全防护用品：工作服、工作鞋、安全帽、药品箱等。

（6）采样用车辆及冷藏箱。

表 3.1　土壤样品标签

土壤样品标签
样品编号：
采用地点：　　　　　　　东经：　　　北纬：
采样层次：
特征描述：
采样深度：
监测项目：
采样日期：
采样人员：

表 3.2　土壤现场记录表

采用地点			东经		北纬	
样品编号			采样日期			
样品类别			采样人员			
采样层次			采样深度/cm			
样品描述	土壤颜色		植物根系			
	土壤质地		砂砾含量			
	土壤湿度		其他异物			
采样点示意图				自下而上植被描述		

注：土壤颜色可采用门塞尔比色卡比色。

二、样品采集方法

采样可分为采表层样品和采集土壤剖面样品。

（一）采集土壤表层

一般监测只需采集表层土壤，可用采样铲挖取 0～20 cm 的土壤，采集表层可以采集单独样品也可以采集混合样品。农田种植一般农作物采 0～20 cm，种植果林类农作物采 0～60 cm。为了保证样品的代表性，减低监测费用，可以采取采集混合样的方案。每个土壤单元设 3～7 个采样区，单个采样区可以是自然分割的一个田块，也可以由多个田块所构成，其范围以 200 m×200 m 为宜。每个采样区的样品为农田土壤混合样。混合样的采集主要有四种方法（图 3.2）：

（1）单角线法：适用于污灌农田土壤，对角线分为 5 等份，以等分点为采样分点；

（2）双对角线法：适用于面积较小，地势平坦，土壤组成和受污染程度相对比较均匀的地块，设分点 5 个左右；

（3）棋盘式法：适宜中等面积、地势平坦、土壤不够均匀的地块，设分点 10 个左右；受污泥、垃圾等固体废物污染的土壤，分点应在 20 个以上；

（4）蛇形法：适宜于面积较大、土壤不够均匀且地势不平坦的地块，设分点 15 个左右，多用于农业污染型土壤。

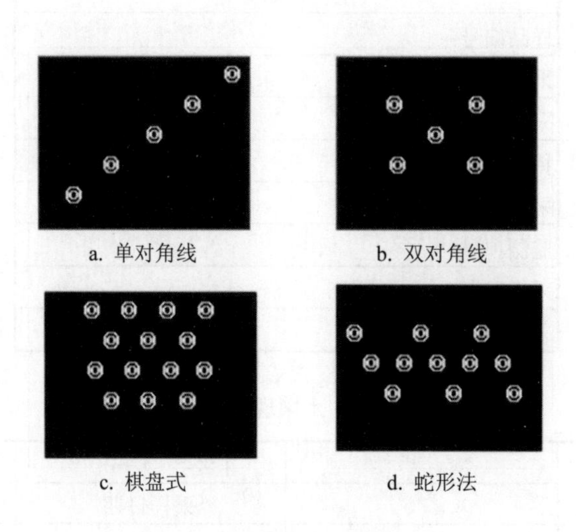

图 3.2 土壤采样的布点方法

各分点混匀后用四分法取 1 kg 土样装入样品袋，多余部分弃去。如使用土钻，以采样点中心画半径为 1 m 的圆周，在圆周上等距采集 4 个样品，在中心上采集 1 个样品，将 5 个样品等重量混匀为 1 个单独样品，保留 1 kg 左右，其余用四分法弃去。

（二）采集土壤剖面

特殊要求的监测（土壤背景、环评、污染事故等）有必要时可选择部分采样点为剖面采样。剖面的规格一般为长 1.5 m，宽 0.8 m，深 1.2 m。挖掘土壤剖面要使观察面向阳，将表土和底土分两侧放置。一般典型的自然土壤剖面分为 A 层（表层，腐殖质淋溶层）、B 层（亚层，淀积层）、C 层（风化母岩层、母质层）和底岩层。地下水位较高时，剖面挖至地下水出露时为止；山地丘陵土层较薄时，剖面挖至风化层。对 B 层发育不完整（不发育）的山地土壤，只采 A、C 两层。水稻土按照 A 耕作层、P 犁底层、C 母质层（或 G 潜育层或 W 潴育层）分层采样，对 P 层太薄的剖面，只采 A、C 两层（或 A、G 层或 A、W 层）。干旱地区剖面发育不完善的土壤，在表层 5～20 cm、心土层 50 cm、底土层 100 cm 左右采样。根据土壤剖面颜色、结构、质地、松紧度、温度、植物根系分布等划分土层，并进行仔细观察；将剖面形态、特征自上而下逐一记录。随后在各层最典型的中部自下而上逐层采样，在各层内分别用小土铲切取一片土壤样，每个采样点的取土深度和取样量应一致。用于重金属分析的样品，应将与金属采样器接触部分的土样弃去。土壤剖面见图 3.3。

图 3.3　土壤剖面图

（三）新鲜土壤样品的采集

在测定土壤挥发性、半挥发性物质时，需要采集土壤新鲜样品，新鲜样品必须采集单独样品。一般用 250 ml 带有聚四氟乙烯衬垫的采样瓶采样，为防止样品沾污瓶口，可将硬纸板围成漏斗状，将样品装入样品瓶中，样品要装满样品瓶，低温保存。

三、采样时期

为了解土壤污染状况，可随时采集样品进行测定。如需同时掌握在土壤上生长的作物受污染状况，可依据季节或作物收获时期采样，一般在秋季作物收获后或春季播种施用前采集，果园在果实采摘后的第一次施肥前采集。面积较小的土壤污染调查和突发性土壤污染事故调查可随时直接采样。

样品采集按不同阶段又可分为：

（1）前期采样：根据背景资料与现场考察结果，采集一定数量的样品分析测定，用于初步验证污染物空间分异性和判断土壤污染程度，为制定监测方案（选择布点方式和确定监测项目及样品数量）提供依据，前期采样可与现场调查同时进行。

（2）正式采样：按照监测方案，实施现场采样。

（3）补充采样：正式采样测试后，发现布设的样点没有满足总体设计需要，则要进行增设采样点补充采样。

四、采样量

土壤样品一般采样量为 1～3 kg，对混合样品需反复按四分法弃取，最后留下所需的土样量，装入采样布袋内。

五、采样记录

采样时对样品进行编号及填写采样记录、样品标签。现场必须认真填写采样记录表，拍摄数码相片，用 GPS 卫星定位记录样点经纬度。采样记录包括对样品的简单描述（如土壤质地、干湿程度、颜色、植物根系和异物量等），采样点周围情况及土地利用历史等内容。按照方案要求编制 8～12 位土壤样品号码，现场填写标签两张，一张放入样品袋内，一张扎在样品袋外。采样结束，需逐项检查土壤样品和样袋标签、采样记录，如有缺项和错误，及时补齐更正。将现场采样点的具体情况，如土壤剖面形态特征等做详细记录。

六、农田和城市土壤采样

（一）农田土壤采样

农田土壤采样首先应确立土壤监测单元，监测单元划分要根据调查目的、调查精度和调查区域环境状况等因素确定监测单元。同时还要参考土壤类型、农作物种类、耕作制度、粮食生产基地、保护区类型、行政区划等要素，同一单元的差别应尽可能地缩小，部门专项调查按其专项监测要求进行。

土壤环境监测单元按土壤污染途径可划分为：

（1）大气污染型土壤监测单元；

（2）灌溉水污染监测单元；

（3）固体废物堆污染型土壤监测单元；

（4）农用化学物质污染型土壤监测单元；

（5）综合污染型土壤监测单元（污染物来自上述两种以上途径）。

大气污染型土壤监测单元和固体废物堆污染型土壤监测单元以污染源为中心放射状布点，在主导风向和地表水的径流方向适当增加采样点（离污染源的距离远于其他点）；灌溉水污染监测单元采用按水流方向带状布点，采样点自纳污口起由密渐疏；农用化学物质污染型土壤监测单元采用均匀布点；综合污染型土壤监测单元布点采用综合放射状、均匀、带状布点法。

（二）城市土壤采样

城区内大部分土壤被道路和建筑物覆盖，只有小部分土壤栽植草木，由于城市土壤其复杂性要求分两层采样，上层（0～30 cm）可能是回填土或受人为影响大的部分，另一层（30～60 cm）为人为影响相对较小部分。两层分别取样监测。城市土壤监测点以网距 2 000 m 的网格布设为主，功能区布点为辅，每个网格设一个采样点。对于专项研究和调查的采样点可适当加密。

（三）污染事故监测土壤采样

污染事故不可预料，接到举报后立即组织采样。首先要现场调查和取证，记录土壤被污染时间，根据污染物及其对土壤的影响确定监测项目，尤其污染事故的特征污染物是监测的重点。如果是固体污染物抛洒污染型，等打扫后采集表层 5 cm 土样，采样点数不少于 3 个。如果是液体倾翻污染型，污染物向低洼处流动的同时向深度方向渗透并向两侧横向方向扩散，每个点分层采样，事故发生点样品点较密，采样深度较深，离事故发生点相对远处样品点较疏，采样深度较浅。采样点不少于 5 个。事故土壤监测要设定 2～3 个背景对照点，各点（层）取 1 kg 土样装入样品袋，有腐蚀性或要测定挥发性化合物，改用广口瓶装样。含易分解有机物的待测定样品，采集后置于低温（冰箱）中，直至运送、移交到分析室。

七、土壤样品的流转

土壤样品流转包括采样现场样品检查和多次样品交接保存。在采样现场必须将样品逐件与样品标签和采样记录进行核对，核对后分类装箱。样品在运输中严防样品的损失、混淆或沾污，对光敏感的样品应有避光外包装，及时送至实验室。测定有机物的土壤样品要低温（4℃）暗处冷藏保存，并尽快将样品送达实验室。采样者和实验室样品管理员双方同时清点核实样品，并在样品流转卡上签字确认，样品流转卡一式四份，采样者一份、样品管理员存一份、分析人员一份、剩下一份随数据存档，样品运转过程中需要确保样品标识的唯一性。

八、采样注意事项

（1）采样点不宜设在田边、沟边、路边或肥堆边；采样时要首先清除表层的枯枝落叶，有植物生长的点位要首先除去植物及其根系。采样现场要剔除砾石等异物。要注意及时清洁采样工具，避免交叉污染。

（2）每个采样点的取土深度及采样量应均匀一致，土壤上层与下层的比例要相同。取样器应垂直于地面入土，深度相同。用取土铲取样应先铲出一个耕层断面，再平行于断面下铲取土。

（3）测定微量元素的样品必须用不锈钢取土器采样。

（4）测定重金属的样品，尽量用竹铲、竹片直接采取样品，或用铁铲、土钻挖掘后，用竹片刮去与金属采样器接触的部分，再用竹片采取样品。对于污染土壤的样品，要根据污染物的性质采取相应的防护措施，避免与人身体的直接接触。

（5）采集挥发性、半挥发性有机物样品时，要防止待测物质挥发，注意样品满瓶不留空隙，低温运输和保存。

第三节 土壤样品制备与保存

土壤样品制备要分设风干室和磨样室。风干室向阳（严防阳光直射土样）、通风良好、整洁、无尘、无易挥发性化学物质。制样工具及容器包括风干用白色搪瓷盘及木盘，粗粉碎用木锤、木滚、有机玻璃棒、有机玻璃板、硬质木板、无色聚乙烯薄膜。磨样用玛瑙研磨机（球磨机）或玛瑙研钵、白色瓷研钵。过筛用尼龙筛，规格为 20～100 目。分装用棕色磨口玻璃瓶、无色聚乙烯塑料袋或特制牛皮纸袋或布袋，规格视量而定。

一、土壤样品的风干

除测定游离挥发酚、有机污染物、低价铁等不稳定项目需要新鲜土样外，多数项目需用风干土样。因为风干土样较易混合均匀，重复性、准确性都比较好。从野外采集的土壤样品运到实验室后，为避免受微生物的作用引起发霉变质，应立即将全部样品倒在瓷盘内进行风干。在风干室将土样放置于风干盘中，摊成2～3 cm的薄层，趁半干状态，先将土壤中混杂的砖瓦石块、石灰结核，根茎动植物残体等除去，用木棍压碎，经常翻动，置于阴凉处使其慢慢风干，切忌阳光直接暴晒样品。风干处应防止酸、碱等气体及灰尘的污染。

二、磨碎与过筛

过2 mm筛后的样品全部置于无色聚乙烯薄膜上，充分搅拌、混合直至均匀，用四分法弃取、称重，保留大约分析用量四倍的土样，过1 mm尼龙筛后分成两份。一份装瓶备分析用，另一份继续进行细磨。

三、细磨并分样

用玛瑙球磨机（或手工）研磨到土样全部通过孔径0.25 mm（60目）的尼龙筛，四分法弃取，保留足够量的土样、称重、装瓶备分析用；剩余样品继续研磨至全部通过孔径0.15 mm（100目）的尼龙筛，装瓶备分析用。用原子吸收光度法（AAS法）测Cd、Cu、Ni等重金属时，土样必须全部通过100目筛（尼龙筛）。制样过程见图3.4。

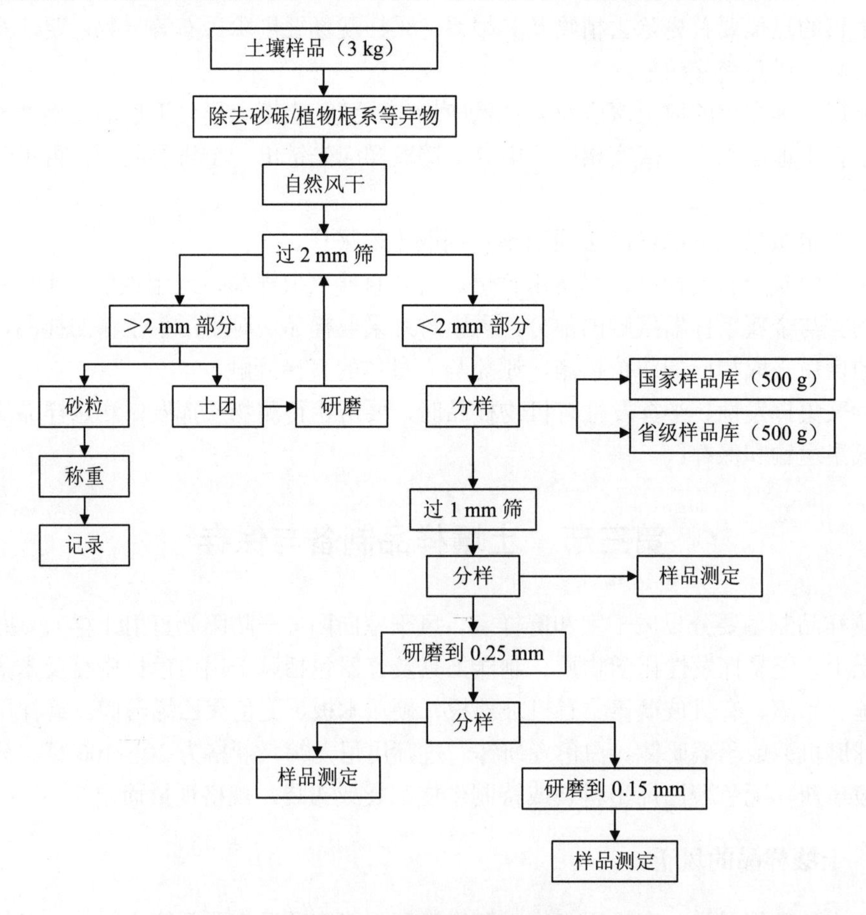

图3.4 土壤监测制样过程

四、土壤样品保存

一般土壤样品需保存半年至一年，以备必要时查核之用。环境监测中用以进行质量控制的标准土样或对照土样则需长期妥善保存。

样品保存主要包括新鲜样品、预留样品、分析取用后的样品保存以及永久样品保存，应设立样品库进行样品贮存，以备必要时查核之用。测试项目需要新鲜样品的土样，采集后用可密封（或扎紧袋口）的聚乙烯或玻璃容器置于 4℃以下冰箱避光保存，样品要充满容器。预留样品在样品库造册保存。分析取用后的剩余样品，待测定全部完成，数据报出后，也移交样品库保存。分析取用后的剩余样品一般保留半年，预留样品一般保留 2 年。特殊、珍稀样品一般要永久保存，尤其是用以进行质量控制的标准土样或对照土样则需常期妥善保存。储存样品应尽量避免日光、潮湿、高温和酸碱气体等的影响。新鲜样品的保存条件和时间见表 3.3。

表 3.3　新鲜样品的保存条件和保存时间

测试项目	容器材质	温度/℃	可保存时间/d	备注
金属（汞和六价铬除外）	聚乙烯、玻璃	＜4	180	—
汞	玻璃	＜4	28	—
砷	聚乙烯、玻璃	＜4	180	—
六价铬	聚乙烯、玻璃	＜4	1	—
氰化物	聚乙烯、玻璃	＜4	2	—
挥发性有机物	玻璃（棕色）	＜4	7	采样瓶装满装实并密封
半挥发性有机物	玻璃（棕色）	＜4	10	采样瓶装满装实并密封
难挥发性有机物	玻璃（棕色）	＜4	14	—

第四节　土壤样品库的建设与管理

土壤样品库主要收纳土壤环境质量调查、土壤例行监测、土壤背景值调查与监测、土壤污染科研及重特大土壤污染事故分析等项目所采集的土壤样品，河流湖泊底泥底质样品等。它是长期存放土壤样品的场所，土壤样品承载着丰富的环境特征信息，通过对土壤样品的分析可不定期获取不同历史年代的有效数据，可为开展土壤污染防治、制订环境政策、确立土地利用规划、开展土壤环境科学技术研究提供科学依据。

一、土壤样品库使用功能

土壤样品库主要使用功能为：长期储存和科学利用土壤样品及样品信息。因此，土壤样品库库房环境要保持干燥、通风、无阳光直射、无污染；具备防霉变、防鼠害设施。土壤样品库除保证对土壤样品的有效存储、利用和展示外，对土壤样品的原始信息和土壤样品存储位置信息规范化管理，实现多种途径方便快捷地获取土壤样品信息也是十分必要的。

土壤样品库建设和管理以安全、准确、便捷为基本原则。其中安全包括样品性质安全、样品信息安全、设备运行安全；准确包括样品信息准确、样品存取位置准确、技术支持（人为操作）准确；便捷包括工作流程便捷、系统操作便捷、信息交流便捷。

二、土壤样品库结构与设施

土壤样品库一般应包括样品处理室、无机样品陈列室、有机样品保存室、监控和配电室等，其中样品陈列室要求房间开阔，便于展示和管理，为避免阳光直射样品，朝阳面可设参观走廊。样品库地面（楼板）承重力一般在 800 kg/m^2 以上，最好设在一层。土壤样品库基本设施有动力照明系统、暖通空调系统、冷热水系统、消防系统、电话电视系统、信息系统及监控系统等。

三、土壤样品出入库管理

（1）土壤样品库收藏的各类土壤样品主要供环保系统内部单位的土壤环境质量、土壤环境污染、土壤资源保护等调查对比、安全规划、科研分析、展览回顾等项目使用。

（2）环保系统内部单位及职工因工作需要使用土壤样品时，需经环保主管部门的审批，并签订保密协议。环保系统以外单位使用土壤样品时，须持有所属单位上一级部门的信函，并做应用范围详细书面说明，经环保主管部门批准后方可出库。

（3）土壤样品出入库时，需由土壤样品管理人员与送取样人员办理土壤样品交接手续。清点样品数量，检查样品重量及样品相关信息，并分别在土壤样品交接单和出入库登记表上签字，建立档案。

（4）借用国家或省级土壤样品参加各类展览时，需办理借用登记手续，归还时，管理人员应认真检查，保证无破损、无遗失，并办理归还手续。

（5）当发现土壤样品损坏、遗失时，要及时报告上级领导和有关部门，并按有关规定追究责任者的责任。

第四章　土壤样品前处理及理化性质测定

第一节　土壤样品无机项目测定前处理方法

一、盐酸-硝酸-高氯酸-氢氟酸消解

称取 0.125 0～0.250 0 g 样品（准确到 0.000 2 g）风干研磨过 200 目筛土壤，置于聚四氟乙烯烧杯中，加少量水润湿，加 10 ml 浓盐酸于电热板上加热 30 min，再加 5 ml 浓硝酸，加热蒸至小体积，加入 5～10 ml 氢氟酸、10 滴高氯酸，盖盖，煮 1 h 后，揭盖，蒸至白烟冒尽，用水吹洗杯壁，再加 5 滴高氯酸，蒸至白烟冒尽。加 1%HNO_3 5～10 ml，温热溶解，定容至 25～50 ml。立即移入干燥洁净的聚乙烯（或聚四氟乙烯）瓶中，保存备用。

本制备液可用于火焰原子吸收分光光度法测定铜、锌、铬、钴、镍、铁、锰、锂、铷等；石墨炉原子吸收分光光度法测定铅、镉、铍、银等；电感耦合等离子发射光谱法测定铜、锌、铬、钴、镍、铁、锰、铅、钾、钠、钙、镁、铝、锂、铷等；电感耦合等离子体质谱法测定铍、铜、铅、锌、稀土元素等 32 个元素；激光荧光法测定铀。

二、微波消解法

称取 0.125 0～0.250 0 g 样品，置于微波消解专用杯中，加 5 ml 硝酸，3 ml 氢氟酸，2 ml 过氧化氢，盖好盖子，于微波消解器消解后转入聚四氟乙烯烧杯中，加电热板上加热至近干，用水吹洗杯壁，再加 3 至 5 滴高氯酸，蒸至近干，加 1%HNO_3 5～10 ml，温热溶解，定容至 25～50 ml，立即移入干燥洁净的聚乙烯（聚四氟乙烯）瓶中，保存备用。

本制备液可用于火焰原子吸收分光光度法测定铜、锌、铬、钴、镍、铁、锰、锂、铷等；石墨炉原子吸收分光光度法测定铅、镉、铍、银等；电感耦合等离子发射光谱法测定铜、锌、铬、钴、镍、铁、锰、铅、钾、钠、钙、镁、铝、锂、铷等；电感耦合等离子体质谱法测定铍、铜、铅、锌等元素。

三、王水水浴消解法

称取 0.500 0 g 样品于 50 ml 比色管中，加入新配的王水（4.5 mol/L HCl，1.75 mol/L HNO_3）10～15 ml，摇匀，置于沸水浴中，加热煮沸 1 h（其间摇动 2 次），取下冷却，加入 10 g/L 重铬酸钾溶液 0.5 ml，蒸馏水稀至刻度，摇匀，放置澄清。待测。

本制备液用于原子荧光光度法测定汞、砷、硒、锑及铋。

四、碱熔法

称取 0.5 g 试样于 25 ml 刚玉坩埚中，加入 4 g Na_2O_2，搅匀。样品置于已升温至 700℃的马弗炉中加热 10 min，坩埚冷却后置于 250 ml 烧杯中，用 100 ml 沸水提取。洗出坩埚后将提取液煮沸 20 min，待提取液充分冷却后用中速定性滤纸过滤，用 2%NaOH 洗涤沉淀 8～10 次后，用 8 ml（1+1）热 HCl 溶解沉淀，溶液用 50 ml 容量瓶接取，2%热 HCl 反复洗漏斗及滤纸，定容后移入干燥洁净的聚乙烯瓶中，保存备用。此置备液用于电感耦合等离子发射光谱法，电感耦合等离子体质谱法测定铅、镉、铬、铜、锌、钴、镍、钛、钒、铍、钼、铁，（铊-ICP/MS 法）等。

五、高压密闭消解

准确称取 0.5 g 风干土样于内套聚四氟乙烯坩埚中，加入少许水润湿试样，再加入 HNO_3（ρ=1.42 g/ml）、$HClO_4$（ρ=1.67 g/ml）各 5 ml，摇匀后将坩埚放入不锈钢套筒中，拧紧。放在 180℃的烘箱中分解 2 h。取出，冷却至室温后，取出坩埚，用水冲洗坩埚盖的内壁，加入 3 ml HF（ρ=1.15 g/ml），置于电热板上，在 100～120℃加热除硅，待坩埚内剩下约 2～3 ml 溶液时，调高温度至 150℃，蒸至冒浓白烟后再缓缓蒸至近干，（用水）定容后进行测定。对于有机质含量较高的样品，该方法具有一定的危险性，请酌情使用。

注意：使用该方法，消解罐的密封性很重要。

第二节　土壤样品有机项目测定前处理方法

一、土壤样品有机污染物的提取

（一）索式提取

1．使用范围和原理

索式提取法适用于提取土壤样品中非挥发性和半挥发性有机化合物，样品制备时可用于分离和浓缩不溶于水和微溶于的有机污染物，但当物质受热易分解和萃取剂沸点较高时，不宜用此种方法。

索式提取从原理上讲属于液固萃取的一种，是利用溶剂对固体混合物中所需成分的溶解度大，对杂质的溶解度小来达到提取分离的目的。土壤中有机污染物的索式提取法是利用溶剂的回流和虹吸原理，对土壤样品中的有机污染物进行连续提取，当提取筒中回流下的溶剂的液面超过索氏提取器的虹吸管时，提取筒中的溶剂流回圆底烧瓶内，即发生虹吸。随温度升高，再次回流开始，每次虹吸前，土壤样品都能被纯的热溶剂所萃取，溶剂反复利用，缩短了提取时间，萃取效率较高。见图 4.1。

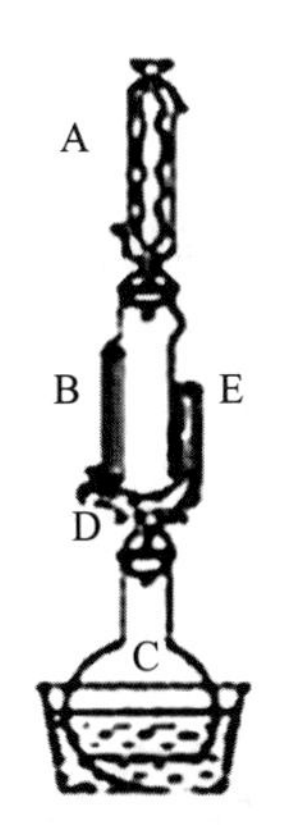

A．冷凝管　B．索氏提取器　C．圆底烧瓶
D．阀门　E．虹吸回流管

图 4.1　索氏提取器

萃取前先将土壤样品研磨成细颗粒，以增加固液接触的面积。然后将一定质量的样品放在滤纸套内，置于提取器中，提取器的下端与盛有溶剂的圆底烧瓶相连接，上面接回流冷凝管。加热圆底烧瓶，使溶剂沸腾，蒸气通过提取器的支管上升，被冷凝后滴入提取器中，溶剂和土壤接触进行萃取，当溶剂面超过虹吸管的最高处时，含有萃取物的溶剂虹吸回烧瓶，从而萃取出一部分物质，如此重复，使固体物质不断为纯的溶剂所萃取、将萃取出的物质富集在烧瓶中。

2．试剂和材料

水：除特殊说明外，分析时均使用符合国家标准的分析纯化学试剂，实验用水为经检验合格的去离子水或蒸馏水。

干燥剂：无水硫酸钠（Na_2SO_4，分析纯）或粒状硅藻土。所用干燥剂需在 400℃下焙烧 4 h，降温至 100℃后，转入干燥器中，冷却后装入试剂瓶密封并保存在干燥器中备用，如果受潮则需重新处理。

有机溶剂：丙酮、正己烷、二氯甲烷、乙酸乙酯、环己烷或其他等效有机溶剂均为农残同等级，在使用前应进行排气。

3．方法摘要

固体样品与无水硫酸钠混合后置于提取套筒内，放入仪器中，使用合适的溶剂进行提取。萃取完成后将提取液干燥、浓缩（必要时更换溶剂，使之净化或测定步骤所用的溶剂相一致）。

（二）加速溶剂萃取

1．使用范围和原理

加速溶剂萃取法适用于土壤中有机磷农药、有机氯农药、氯代杀虫剂、多环芳烃类和多氯联苯类等半挥发性和不挥发性有机物的提取。加速溶剂萃取法具有萃取溶剂用量少、萃取速度快和回收率高的优点，已成为样品前处理的最佳方法之一，并被美国国家环保局选定为推荐的标准方法。但是该方法仅适用于固态样品，对干燥细颗粒物质尤为有效。

加速溶剂萃取的原理是选择合适的溶剂、通过提高萃取溶剂的温度（50～200℃）和压力（1 500～2 000 psi[①]）来加快萃取速度，提高萃取效率。提高萃取溶剂的温度可以降低萃取溶剂的黏度，加快萃取溶剂分子向样品内部的扩散，加快样品中欲分析组分在萃取溶剂中的溶解速度，提高样品中欲分析组分在萃取溶剂中的溶解度。所以，提高萃取溶剂的温度可以加快萃取速度，提高萃取效率。为提高萃取溶剂的温度，就要提高萃取体系的压力，以使萃取剂在高温下仍能保持液态。萃取体系压力的提高，也加速了萃取溶剂向样品空隙的渗透，提高了萃取效率。

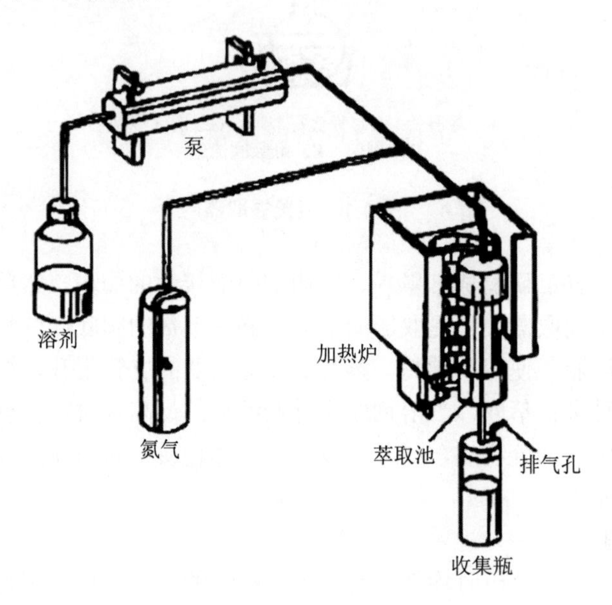

图 4.2　加速溶剂萃取装置

样品装入萃取池后，将萃取池放到圆盘传送装置上，之后流程将按计算机设定的程序运行。传送装置将萃取池送入加热炉内，并与对应编号的收集瓶连接，输送萃取溶剂的泵将萃取溶剂输送到萃取池内，用高压氮气向萃取池内加压，与此同时萃取池被加热炉加热，达到设定的温度和压力后，保持这一温度和压力，继续静态提取一定时间，然后用泵多次少量地将清洗溶剂加入萃取池，萃取液将自动通过滤膜进入收集瓶，用氮气吹熄萃取池和管道，使萃取液全部进入收集瓶。

2．试剂和材料

水：除特殊说明外，分析时均使用符合国家标准的分析纯化学试剂，实验用水为经检验合格的去离子水或蒸馏水。

干燥剂：无水硫酸钠（Na_2SO_4，分析纯）或粒状硅藻土。所用干燥剂需在 400℃下焙烧 4 h，降温至 100℃后，转入干燥器中，冷却后装入试剂瓶密封并保存在干燥器中备用，如果受潮则需重新处理。

有机溶剂：丙酮、正己烷、二氯甲烷或其他等效有机溶剂为农药残留分析纯级，在使

① psi=6.895 kPa。

用前应先进行排气。

高纯氮气：纯度≥99.999%。

3．方法摘要

样品干燥后研磨成 100～200 目粉末（150～75 μm）的颗粒，放在萃取池中。加热萃取池到提取温度，用适当的溶剂系统加压提取适当时间后，收集提取液，冷却后进行浓缩（如需更换溶剂，须使之与净化方法或检测方法的溶剂相同）。

（三）超声波提取

1．使用范围和原理

超声波提取法适用于从土壤中提取非挥发性和半挥发性有机化合物。超声波作用过程确保了样品和提取溶剂的充分接触。按照样品浓度的高低，将方法分为两部分：低浓度方法（单个有机物浓度＜20 mg/kg，所需样品量较大和提取过程严格）；高浓度方法（单个有机物浓度＞20 mg/kg，提取简单、快捷）。与其他土壤提取方法相比，超声波提取法不是非常严格和精确的，因而该方法主要目的是获取更高的提取效率。

超声波提取的原理是通过压电换能器产生的快速机械振动波来减少目标萃取物与样品基体之间的作用力从而实现固-液萃取分离。

2．试剂和材料

水：除特殊说明外，分析时均使用符合国家标准的分析纯化学试剂，实验用水为经检验合格的去离子水或蒸馏水。

干燥剂：无水硫酸钠（Na_2SO_4，分析纯）。所用干燥剂需在 400℃下焙烧 4 h，降温至 100℃后，转入干燥器中，冷却后装入试剂瓶密封并保存在干燥器中备用，如果受潮则需重新处理。

有机溶剂：丙酮、正己烷、二氯甲烷或其他等效有机溶剂为农药残留分析纯级，在使用前应先进行排气。

3．方法摘要

（1）低浓度方法：30 g 样品和无水硫酸钠混合使形成自由流动的粉末。用超声波法进行 3 次溶剂提取。用真空过滤法或离心法分离提取液与样品。提取液即可净化或浓缩后分析。

（2）中等或高浓度方法：2 g 样品与无水硫酸钠混合使形成自由流动的粉末。用超声波提取法进行 3 次溶剂提取。取出部分提取液进行净化或分析。

（四）微波辅助提取

1．使用范围和原理

微波辅助提取是对土壤中的有机物（包括稠环芳香碳烃化合物、取代苯酚类化合物、邻苯二甲酸酯类化合物、有机氯农药、有机磷以及多氯联苯等）进行提取处理，适用于提取土壤中的有机物。微波辅助提取法具有萃取时间短、加热均匀、节能高效、安全无害的优点，属于绿色工程。

微波辅助提取技术是利用微波加热的特性对物质中目标成分进行选择性萃取的方法，

其原理是微波射线自由透过透明的萃取介质，深入样品基体内部，由于不同物质的 tanδ值不同，对微波能的吸收程度也不同，因而被加热的情况也有所不同。利用这种情况，可以通过调节微波加热的参数，选择性的加热欲分析组分，以利于目标成分从样品基体中渗出，达到与基体分离的目的。

样品装入微波专用萃取杯内，加入适量的萃取溶剂（不超过 30 ml）后放到转盘中，并将其置于微波仪中，设置萃取温度和时间，加热萃取。萃取结束后冷却并取出萃取杯，将萃取液移出后经 4 μm 有机相滤膜过滤，反复冲洗样品，合并萃取液并浓缩（如萃取液中含有水分则需用无水硫酸钠干燥后再进行浓缩）。

2．试剂和材料

干燥剂：无水硫酸钠（Na_2SO_4，分析纯）或粒状硅藻土。所用干燥剂需在 400℃下焙烧 4 h，降温至 100℃后，转入干燥器中，冷却后装入试剂瓶密封并保存在干燥器中备用，如果受潮则需重新处理。

有机溶剂：丙酮、正己烷、二氯甲烷、乙酸乙酯、环己烷或其他等效有机溶剂均为农残同等级，在使用前应进行排气。

3．方法摘要

样品干燥后研磨成 100～200 目粉末（150～75 μm）的颗粒，放在专用萃取杯中。加入适当溶剂后进行加热萃取。收集提取液，冷却后进行浓缩。

二、土壤样品有机污染物的样品净化

（一）吸附净化

1．氧化铝净化

（1）使用范围和原理

氧化铝是一种高度多孔、粒状的铝氧化物。可在 3 个 pH 范围（碱性、中性、酸性）应用于柱色谱法中。它可用于从不同化学极性的干扰化合物中分离出待测物。在三种 pH 范围内有不同的用途和优缺点。

碱性（B）：pH 9～10 用于分离碱性和中性化合物，如碱、醇类、烃类、甾族化合物类和中性色素；缺点是可引起聚合、缩合和脱水反应，不能用丙酮或乙酸乙酯作为洗脱液。

中性（N）：用于分离醛类、酮类、醌类、酯类、内酯类、糖苷类化合物和强酸；缺点是比碱性形式活性小很多。

酸性（A）：pH 4～5 用于酸性色素（天然的和合成的）、强酸类（在不同情况下对中性和碱性氧化铝有化学吸附）。

（2）试剂和材料

除非另有说明，分析时均使用符合国家标准的分析纯化学试剂，实验用水为新制备的、不含有机物的去离子水或蒸馏水。

有机溶剂：丙酮、正己烷、二氯甲烷或其他等效有机溶剂均为农残同等级，在使用前应进行排气。

试剂水：定义为在与测定的化合物的方法检出限内检测不出干扰物的水。

无水硫酸钠（优级纯）：粒状，在 400℃下焙烧 4 h，降温至 100℃后，转入干燥器中，冷却后装入试剂瓶密封并保存在干燥器中备用，如果受潮则需重新处理。

氧化铝：①中性氧化铝：将 100 g 的氧化铝放入 500 ml 烧杯中在 400℃加热 16 h，然后转移至 500 ml 的试剂瓶中，密封并冷却至室温。当冷却时加 3 ml 水，振摇或转动 10 min 使其充分混合，至少放置 2 h。使瓶紧密的封闭。②碱性氧化铝：将 100 g 的氧化铝放入 500 ml 烧杯中并加 2 ml 试剂水，振摇或转动 10 min 使其充分混合，至少放置 2 h。使瓶紧密的封闭。

（3）方法摘要

用所需量的吸附剂装填柱。上部装填吸水剂，然后负载待分析的样品。待测物的洗脱用合适的溶剂以实现，使干扰化合物留于柱上，然后浓缩洗脱液。

2．弗罗里硅土净化法

（1）使用范围和原理

弗罗里硅土是美国 Floridin 公司注册的商品名，是一种带酸性的硅酸镁。在用气相色谱分析样品之前，可作为一种净化方法用于普通的柱色谱。主要应用于农药残留和其他氯代烃类样品的净化、从烃类中分离氮化合物、从脂肪族-芳香族的混合物中分离芳香化合物，对于脂肪类、油类和蜡类的也有类似应用。另外，在分离甾族化合物、酯类、酮类、甘油酯类、生物碱类和一些糖类方面，弗罗里硅土被认为是很好的柱填料。

（2）试剂和材料

除非另有说明，分析时均使用符合国家标准的分析纯化学试剂，实验用水为新制备的、不含有机物的去离子水或蒸馏水。

有机溶剂：丙酮、正己烷、二氯甲烷或其他等效有机溶剂均为农药残留分析纯级，在使用前应先进行排气。

弗罗里硅土：农残级（60 或 100 目），购买已活化的产品，储存于带磨口玻璃塞或衬箔的螺旋盖的玻璃容器中。

弗罗里硅土的活化：对于亚硝胺、有机氯农药和多氯联苯类、硝基芳香化合物卤代醚类、氯代烃类和有机磷农药的净化。在使用前，用铝箔不盖严的玻璃容器在 130℃时活化各批物料至少 16 h。或者在 130℃时于烘箱中保存弗罗里硅土。使用之前在干燥器中冷却。不同的批料或不同来源的弗罗里硅土，其吸附能力可能不同。所用的弗罗里硅土的量化标准，建议使用月桂酸值（参考方法为测定每克弗罗里硅土吸附己烷溶液中月桂酸的量，应用于各柱的弗罗里硅土的量是将此比值除以 110，并乘以 20 来计算的）。

弗罗里硅土的脱活：用于对邻苯二甲酸酯类净化的准备。将 100 g 弗罗里硅土放置于 500 ml 烧杯中，在 400℃加热约 16 h。加热后转移至 500 ml 试剂瓶中。密封并冷却至室温。冷却后加 3 ml 试剂水，振摇或转动 10 min 以充分混合均匀，放置至少 2 h，将瓶密封好。

无水硫酸钠（优级纯）：粒状，在 400℃下焙烧 4 h，降温至 100℃后，转入干燥器中，冷却后装入试剂瓶密封并保存在干燥器中备用，如果受潮则需重新处理。

（3）方法摘要

用所需量的弗罗里硅土填充柱子，然后在柱子顶端装填吸水剂，最后负载样品的提取液。用适当的溶剂洗脱分析物，使干扰物保留在吸附柱上。洗脱液在用于分析测定之前，可根据需要进一步浓缩。

固相萃取柱净化方法中使用装有弗罗里硅土颗粒的固相萃取柱。使用前立即用溶剂淋洗。将样品负载到柱子上，随后用适当的溶剂洗脱。为了得到可重现的结果，要求使用多支管真空装置。洗脱液在分析测定之前，可根据需要进一步浓缩。

3．硅胶净化法

（1）使用范围和原理

硅胶是一种具有弱酸性的无定形二氧化硅的可再生吸附剂，可从硅酸钠和硫酸制备获得，属非晶态物质。硅胶用作柱色谱的吸附剂，用于从不同化学极性的干扰物中分离待测物，也用于含多环芳烃化合物或衍生的酚类化合物等样品的提取液的净化。

分离原理是在不同极性溶剂的流动作用下，根据物质在吸附柱上的吸附力的不同实现分离，极性较强的物质易被硅胶吸附，极性较弱的物质不易被硅胶吸附，整个层析过程是吸附、解析、再吸附、再解析的过程。

（2）试剂和材料

除非另有说明，分析时均使用符合国家标准的分析纯化学试剂，实验用水为新制备的、不含有机物的去离子水或蒸馏水。

有机溶剂：丙酮、正己烷、二氯甲烷或其他等效有机溶剂均为农药残留分析纯级，在使用前应进行排气。

硅胶：100 或 200 目。将硅胶在 150～160℃加热数小时进行活化处理，用于碳氢化合物的分离，然后进行脱活处理，使之含有 10%～20%的水。脱活后的硅胶在使用前应在一个浅玻璃盘中于 130℃再活化至少 16 h，活化中用金属箔覆盖。

无水硫酸钠（优级纯）：粒状，在 400℃下焙烧 4 h，降温至 100℃后，转入干燥器中，冷却后装入试剂瓶密封并保存在干燥器中备用，如果受潮则需重新处理。

（3）方法摘要

在层析柱净化程序中规定：用所需量的硅胶填充柱子，然后在柱子顶端装填吸水剂，最后负载样品的提取液。用适当的溶剂洗脱分析物，使干扰物保留在吸附柱上。洗脱液在用于分析测定之前，可根据需要进一步浓缩。

固相萃取柱净化方法中使用装有 1 g 或 2 g 硅胶的固相萃取柱。使用前立即用溶剂淋洗。将等分量的样品提取液负载到柱子上，随后用适当的溶剂洗脱。为了得到可重现的结果，要求使用多支管真空装置。洗脱液在分析测定之前，可根据需要进一步浓缩。

4．凝胶色谱净化

（1）使用范围和原理

凝胶色谱净化法被推荐用于除去样品中的脂类化合物、聚合物、共聚物、蛋白质、天然树脂及其聚合物、细胞组分、病毒和分散的高分子化合物等。本方法适用于包括酚类和有机酸类、邻苯二甲酸酯类、硝基芳香类、多环芳烃类、氯代烃类、碱性或中性化合物、有机磷杀虫剂、含氯除草剂等各种化合物样品提取物的净化。

凝胶色谱净化法是一种体积排阻净化过程，是利用有机溶剂和疏水凝胶的尺寸大小排阻的方法来分离合成的高分子化合物。填料凝胶是多孔的，并且以空隙的大小和排阻范围做表征。选择凝胶时，排阻体积必须大于待测分离物的分子大小。

（2）试剂和材料

除非另有说明，分析时均使用符合国家标准的分析纯化学试剂，实验用水为新制备的、不含有机物的去离子水或蒸馏水。

有机溶剂：丙酮、正己烷、二氯甲烷或其他等效有机溶剂均为农药残留分析纯级，在使用前应进行排气。

凝胶色谱校正标准溶液：适当浓度，保证在紫外检测器有完整明显峰形。含有玉米油（200 mg/ml，溶解于二氯甲烷中）、双（2-二乙基己基）邻苯二甲酸酯、甲氧滴滴涕、苝和硫。可直接购买有证标准溶液，也可用标准物质制备。

（3）方法摘要

用经溶胀的吸附剂填充柱子，同时在吸附剂膨胀阶段用溶剂冲洗柱子。柱子校准后，将样品提取液上柱、净化。用适当的溶剂洗脱柱子，然后浓缩洗脱液。选用不同洗脱溶剂会影响洗脱结果。

5．硫酸/高锰酸钾净化

（1）使用范围和原理

硫酸/高锰酸钾净化法适合于在多氯联苯化合物测定之前对样品提取液进行的严格净化。只要出现基线漂移或色谱图复杂影响到多氯联苯精确定量时，就应该使用该方法。但该方法不能用于其它化合物的净化提取，因为磺化过程会破坏很多有机化合物，包括艾氏剂、狄氏剂、异狄氏剂、硫丹、硫丹硫酸盐等。提取液转换溶剂为正己烷，然后用浓硫酸处理，如果需要，可以再用 5%的高锰酸钾溶液处理。注意操作这些腐蚀性试剂时需要小心谨慎。

（2）试剂和材料

除非另有说明，分析时均使用符合国家标准的分析纯化学试剂，实验用水为新制备的、不含有机物的去离子水或蒸馏水。

有机溶剂：丙酮、正己烷、二氯甲烷或其它等效有机溶剂均为农残级，在使用前应进行排气。

硫酸/水：1∶1（V/V）。

高锰酸钾溶液：50 g/L。

（3）方法摘要

更换样品提取液的溶剂为正己烷，然后依次对正己烷溶液用以下试剂处理：浓硫酸；如果需要，5%高锰酸钾水溶液。小心处理这些高腐蚀性的试剂。

6．硫的净化

（1）使用范围和原理

硫元素普遍存在于许多土壤样品、海洋藻类样品和一些工业废弃物中。硫在各种溶剂中的溶解度与有机氯农药和有机磷农药非常相似。因此，硫干扰会贯穿于整个农药提取和净化过程中。样品中硫和铜、汞或四丁基铵（TBA）-亚硫酸盐混合后，振荡混合物，新鲜铜粉、汞将硫氧化、破坏，从有机相中分离出来，实现对萃取物中硫的净化。

（2）试剂和材料

除非另有说明，分析时均使用符合国家标准的分析纯化学试剂，实验用水为新制备的、不含有机物的去离子水或蒸馏水。

有机溶剂：丙酮、正己烷、二氯甲烷或其他等效有机溶剂均为农残级，在使用前应进行排气。

试剂水：定义为在欲测定的化合物的方法检出限内不出现干扰的水。

稀硝酸：1∶10（*V*/*V*）

铜粉：用稀硝酸处理以除去氧化物，用蒸馏水冲洗以除去所有的痕量酸，再用丙酮冲洗并在氮气下干燥。

汞：3 次蒸馏。

四丁基铵-亚硫酸盐试剂：将 3.39 g 硫酸氢四丁基铵于 100 ml 试剂水中。为除去杂质，用 20 ml 一份的正己烷萃取此溶液 3 次。弃取次正己烷萃取液，加入 25 g 亚硫酸盐至水溶液中。所得的溶液，用亚硫酸钠饱和后，保存在带聚四氟乙烯衬里的螺旋盖的棕色瓶中。此溶液可在室温下保存至少 1 个月。

（3）方法摘要

将要净化的样品与铜粉或四丁基铵（TBA）-亚硫酸盐混合。振摇混合物，然后从硫净化试剂中分离出提取物。

第三节　土壤样品理化性质的测定

一、土壤 pH 值测定方法

土壤 pH——电极法

1. 适用范围

适用于一般土壤、沉积物样品 pH 值的测定。土壤样品宜过 20 目筛（1 mm），因为土壤过细过粗对 pH 测定均有影响。土样应贮在密闭玻璃瓶中，要防止空气中的氨、二氧化碳及酸碱性气体的影响。

2. 原理

土壤试液或悬浊液的 pH 值用 pH 玻璃电极为指示电极，以饱和甘汞电极为参比电极，组成测量电池，可测出试液的电动势，由此通过仪表可直接读取试液的 pH 值。

3. 试剂

pH 4.01 标准缓冲溶液：称取经 105℃烘干 2 h 的邻苯二甲酸氢钾 10.21 g，用蒸馏水溶解，稀释至 1 000 ml，在 20℃时，其 pH 值为 4.01。

pH 6.87 标准缓冲溶液：称取磷酸二氢钾 3.39 g 和无水磷酸氢二钠 3.53 g 溶于蒸馏水中，加水至 1 000 ml，此溶液在 25℃，pH 值为 6.87。

pH 9.18 标准缓冲溶液：称取四硼酸钠（$Na_2B_4O_7 \cdot 10H_2O$）溶于蒸馏水中，加水至 1 000 ml。此溶液在 25℃的 pH 值为 9.18。

无二氧化碳蒸馏水：将蒸馏水置烧杯中，加热煮沸数分钟，冷后放在磨口玻璃瓶中备用。

4．仪器

（1）pH 计：读数精度 0.02，玻璃电极，饱和甘汞电极。

（2）磁力搅拌器。

5．分析步骤

（1）试液的制备

称取过 20 目筛的土样 10 g，加无二氧化碳蒸馏水 25 ml，轻轻摇动，使水土充分混合均匀。投入一枚磁搅拌子，放在磁力搅拌器上搅拌 1 min。放置 30 min，待测。

（2）pH 计校准

开机预热 10 min，将浸泡 24 h 以上的玻璃电极浸入 pH 6.87 标准缓冲溶液中，以甘汞电极为参比电极，将 pH 计定位在 6.87 处，反复几次至不变为止。取出电极，用蒸馏水冲洗干净，用滤纸吸去水分，再插入 pH 4.01（或 9.18）标准缓冲溶液中复核其 pH 值是否正确（误差在±0.2 内即可使用，否则要选择合适的玻璃电极）。

（3）测量

用蒸馏水冲洗电极，并用滤纸吸去水分，将玻璃电极和甘汞电极插入土壤试液或悬浊液中，读取 pH 值，反复 3 次，用平均值作为测量结果。

二、土壤有机质测定方法

有机质含量——重铬酸钾容量法。

1．适用范围

适用于测定土壤有机质含量在 15%以下的土壤。

2．原理

用定量的重铬酸钾-硫酸溶液，在电砂浴加热条件下，使土壤中的有机碳氧化，剩余的重铬酸钾用硫酸亚铁标准溶液滴定，并以二氧化硅为添加物作试剂空白标定，根据氧化前后氧化剂质量差值，计算出有机碳量，再乘以系数 1.724，即为土壤有机质含量。

3．试剂

（1）重铬酸钾；硫酸；硫酸亚铁；硫酸银：研成粉末；二氧化硅：粉末状。

（2）邻菲啰啉指示剂：称取邻菲啰啉 1.490 溶于含有 0.700 g 硫酸亚铁的 100 ml 水溶液中。此指示剂易变质，应密闭保存于棕色瓶中备用。

（3）0.4 mol/L 重铬酸钾-硫酸溶液：称取重铬酸钾 39.23 g，溶于 600～800 ml 蒸馏水中，待完全溶解后加水稀释至 1 L，将溶液移入 3 L 大烧杯中；另取 1 L 相对密度为 1.84 的浓硫酸，慢慢地倒入重铬酸钾水溶液内，不断搅动，为避免溶液急剧升温，每加约 100 ml 硫酸后稍停片刻，并把大烧杯放在盛有冷水的盆内冷却，待溶液的温度降到不烫手时再加另一份硫酸，直到全部加完为止。

（4）重铬酸钾标准溶液：称取经 130℃烘 1.5 h 的优级纯重铬酸钾 9.807 g，先用少量水溶解，然后移入 1 L 容量瓶内，加水定容。此溶液浓度 $c(1/6K_2Cr_2O_7)$=0.200 0 mol/L。

（5）硫酸亚铁标准溶液：称取硫酸亚铁 56 g，溶于 600～800 ml 水中，加浓硫酸 20 ml，搅拌均匀，加水定容至 1 L（必要时过滤），贮于棕色瓶中保存。此溶液易受空气氧化，使用时必须每天标定一次准确浓度。

硫酸亚铁标准溶液的标定方法如下：

吸取重铬酸钾标准溶液 20 ml，放入 150 ml 三角瓶中，加浓硫酸 3 ml 和邻菲啰啉指示剂 3～5 滴，用硫酸亚铁溶液滴定，根据硫酸亚铁溶液的消耗量，计算硫酸亚铁标准溶液浓度 C_2。

$$C_2 = C_1 \times V_1 / V_2$$

式中：C_2——硫酸亚铁标准溶液的浓度，mol/L；

C_1——重铬酸钾标准溶液的浓度，mol/L；

V_1——吸取的重铬酸钾标准溶液的体积，ml；

V_2——滴定时消耗硫酸亚铁溶液的体积，ml。

4．仪器

分析天平：感量 0.000 1 g；

电砂浴；

磨口三角瓶：150 ml；

磨口简易空气冷凝管：直径 0.9 cm，长 19 cm；

定时钟；

自动调零滴定管：10.00、25.00 ml；

小型日光滴定台；

温度计：200～300℃；

铜丝筛：孔径 0.25 mm；

瓷研钵。

5．分析步骤

（1）样品的制备

选取有代表性风干土壤样品，用镊子挑除植物根叶等有机残体，然后用木棍把土块压松，使之通过 1 mm 筛。充分混匀后，从中取出试样 10～20 g，磨细，并全部通过 0.25 mm 筛，装入磨口瓶中备用。

对新采回的水稻土或长期处于渍水条件下的土壤，必须在土壤晾干压碎后，平摊成薄层，每天翻动一次，在空气中暴露一周左右后才能磨样。

（2）测定

按表 4.1 中有机质含量的规定称取制备好的风干试样 0.05～0.5 g，精确到 0.000 1 g。置入 150 ml 三角瓶中，加粉末状的硫酸银 0.1 g，然后用自动调零滴定管，准确加入 0.4 mol/L 重铬酸钾-硫酸溶液 10 ml 摇匀。

表 4.1 不同土壤有机质含量的称样量

有机含量/%	试样质量/g
2 以下	0.4～0.5
2～7	0.2～0.3
7～10	0.1
10～15	0.05

将盛有试样的三角瓶装入简易空气冷凝管，移置已预热到 200～230℃的电砂浴上加热。当简易空气冷凝管下端落下第一滴冷凝液，开始计时，消煮 5±0.5 min。

消煮完毕后，将三角瓶从电砂浴上取下，冷却片刻，用水冲洗冷凝管内壁及其底端外壁，使洗涤液流入原三角瓶，瓶内溶液的总体积应控制在 60～80 ml 为宜，加 3～5 滴邻菲啰啉指示剂，用硫酸亚铁标准溶液滴定剩余的重铬酸钾。溶液的变色过程是先由橙黄变为蓝绿，再变为棕红，即达终点。如果试样滴定所用硫酸亚铁标准溶液的毫升数不到空白标定所耗硫酸亚铁标准溶液毫升数的 1/3 时，则应减少土壤称样量，重新测定。

每批试样测定必须同时做 2～3 个空白标定。取 0.500 g 粉末状二氧化硅代替试样，其他步骤与试样测定相同，取其平均值。

6. 结果的表示

土壤有机质含量 X_c 按烘干土计算，由式（4-2）计算：

$$X_c = (V_0 - V) \times C_2 \times 0.003 \times 1.724 \times 100 / m$$

式中：X_c——土壤有机质含量，%；

V_0——空白滴定时消耗硫酸亚铁标准溶液的体积，ml；

V——测定试样时消耗硫酸亚铁标准溶液的体积，ml；

C_2——硫酸亚铁标准溶液的浓度，mol/L；

0.003——1/4 碳原子的摩尔质量数，g/mol；

1.724——由有机碳换算为有机质的系数；

m——烘干试样质量，g。

平行测定的结果用算术平均值表示，保留三位有效数字。

允许差：当土壤有机质含量小于 1%时，平行测定结果的相差不得超过 0.05%；含量为 1%～4%时，不得超过 0.10%；含量为 4%～7%时，不得超过 0.30%；含量在 10%以上时，不得超过 0.50%。

三、阳离子交换量测定方法

阳离子交换——乙酸铵法

1. 适用范围

适用于中性土壤阳离子交换量和交换性盐基的测定，也可用于微酸性少含 2∶1 型黏土矿物的土壤。

2. 原理

用 1 mol/L 乙酸铵溶液（pH 7.0）反复处理土壤，使土壤成为铵离子饱和土。过量的乙酸铵用 95%乙醇洗去，然后加氧化镁，用定氮蒸馏法进行蒸馏。蒸馏出的氨用硼酸溶液吸收，以标准酸滴定，根据铵离子的量计算土壤阳离子交换量。

土壤交换性盐基（钙、镁、钾、钠）是用土壤阳离子交换量测定时所得到的乙酸铵土壤浸提液，在选定工作条件的原子吸收分光光度计上直接测定；但所用钙、镁、钾、钠标准溶液应用乙酸铵溶液配制，以消除基体效应。用土壤浸出液测定钙、镁时，还应加入释放剂锶，以消除铝、磷和硅对钙、镁测定的干扰。

3．试剂

所有试剂除注明者外，均为分析纯；水均指去离子水。

1 mol/L 乙酸铵溶液（pH 7.0）：称取 77.09 g 乙酸铵，用水溶解并稀释至近 1 L。必要时用 1∶1 氨水或稀乙酸调节至 pH 7.0，然后定容至 1 L。

95%乙醇溶液（工业用，必须无铵离子）。

液体石蜡（化学纯）。

氧化镁：将氧化镁放入镍蒸发皿内，在 500～600℃马弗炉中灼烧 30 min，冷却后贮藏在密闭的玻璃器皿中。

20 g/L 硼酸溶液：20 g 硼酸溶于 1 L 无二氧化碳蒸馏水。

甲基红-溴甲酚绿混合指示剂：将 0.066 0 g 甲基红和 0.099 0 g 溴甲酚绿置于玛瑙研钵中，加少量 95%乙酸，研磨至指示剂完全溶解为止，最后加 95%乙醇至 100 ml。

0.025 mol/L 盐酸标准溶液：吸取 2 ml 浓盐酸（ρ_{20}=1.19 g/ml）用水适量稀释，然后加水定容至 1 L，再用基准无水碳酸钠标定。

pH 10 缓冲溶液：67.5 g 氯化铵溶于无二氧化碳水中，加入新开瓶中浓氨水（ρ_{20}=1.19 g/ml）570 ml，用水稀释至 1 L，贮存于塑料瓶中，并注意防止吸收空气中的二氧化碳。

K-B 指示剂：0.5 g 酸性铬蓝 K 和 1.0 g 萘酚绿 B（$C_{30}H_{15}N_3Na_3Fe$）与 100 g（经 105℃烘干）99.8%氯化钠一同研细磨匀，越细越好，贮于棕色瓶中。

纳氏试剂：134 g 氢氧化钾，溶于 460 ml 水中；20 g 碘化钾溶于 50 ml 水中，加入约 32 g 碘化汞，使溶解至饱和状态；然后将两溶液混合即成。

4．仪器设备

土壤筛：孔径 1 mm。

离心管：100 ml。

天平：感量 0.1、0.000 1 g。

电动离心机，转速 3 000～4 000 r/min。

5．测定步骤

称取通过 1 mm 筛孔的风干土样 2.00 g，质地较轻的土壤称 5.00 g，放入 100 ml 离心管中，沿壁加入少量 1 mol/L 乙酸铵溶液，用橡皮头玻璃棒搅拌土样，使其成为均匀的泥浆状态；再加乙酸铵溶液至总体积约 60 ml，并充分搅拌均匀，然后用乙酸铵溶液洗净橡皮玻璃棒，溶液收入离心管内。

将离心管成对放在粗天平的两个托盘上，用乙酸铵溶液使之质量平衡。平衡好的离心管对称放入电动离心机中，离心 3～5 min，转速 3 000～4 000 r/min。每次离心后的清液收集在 250 ml，容量瓶中，如此用乙酸铵溶液处理 2～3 次，直到浸出液中无钙离子反应为止（检查钙离子：取浸出液 5 ml，放在试管中，加 pH=10 的缓冲溶液 1 ml，再加少许 K-B 指示剂，如呈蓝色，表示无钙离子；如呈紫红色，表示有钙离子）。最后用乙酸铵溶液定容，保留离心清液 B 用于测定交换性盐基。

往离心管中加入少量 95%的乙醇，用橡皮头玻璃棒搅拌土样，使其成为泥浆状态，再加乙醇约 60 ml，用橡皮头玻璃棒充分搅拌均匀，以便洗去土粒表面多余的乙酸铵，切不可有小土团存在。然后将离心管成对放在粗天平的两个托盘上，用乙醇使之质量平衡，定对称放入离心机中，离心 3～5 min，转速 3 000～4 000 r/min，弃去乙醇溶液。如此反复用乙醇洗 2～3 次，直至最后一次乙醇清液中无铵离子为止（检查铵离子：取乙醇清液一滴，放在白瓷比色板中，立即加一滴纳氏试剂，如无黄色，表示无铵离子）。

洗去多余的铵离子后，先用水冲洗离心管外壁，再往离心管中加入少量水，并搅拌成糊状，再用水将泥浆洗入凯氏瓶中，并用橡皮头玻璃棒洗离心管内壁，使全部土样转入凯氏瓶中，洗入水的体积应控制在 50～80 ml。蒸馏前往凯氏瓶内加入数滴液体石蜡和 1 g 左右氧化镁。立即把凯氏瓶装在蒸馏装置上。

将盛有 20 ml 的 20 g/L 硼酸溶液和 3 滴混合指示剂的接收瓶，放入蒸馏装置中进行蒸馏；待蒸馏体积达到 80 ml 后，取下接收瓶，用 0.025 mol/L 盐酸标准溶液滴定，并记录用量。

每份土样作不少于两次的平行测定。同时做空白试验。

6．分析结果的表述

（1）计算方法和公式

土壤阳离子交换量以 cmol/kg（+）表示，按烘干土重计算：

$$\text{土壤阳离子交换量}=\frac{C\times(V-V_0)}{m\times(1-H)}\times 100$$

式中：C——盐酸标准溶液的浓度，mol/L；

V——盐酸标准溶液的消耗体积，ml；

V_0——空白试验盐酸标准溶液的消耗体积，ml；

m——风干土样的质量，g；

H——风干土样的含水分率。

用平行测定结果的算术平均值表示，保留小数点后两位。

（2）重复性

两次测定结果的允许差，当测定值在 30 cmol/kg 以上时，其相对差不得大于 3%；在 10～30 cmol/kg 时，不得大于 5%；小于 10 cmol/kg 时，不得大于 10%。

第五章　土壤无机元素测定分析技术

第一节　电感耦合等离子体原子发射光谱法

一、适用范围

酸溶（盐酸-硝酸-高氯酸-氢氟酸消解法）等离子发射光谱法（以下简称 ICP-AES）可同时测定土壤、沉积物中铝（Al）、钡（Ba）、铍（Be）、钙（Ca）、钴（Co）、铬（Cr）、铜（Cu）、铁（Fe）、钾（K）、镧（La）、锂（Li）、镁（Mg）、锰（Mn）、钼（Mo）、钠（Na）、镍（Ni）、磷（P）、铅（Pb）、锶（Sr）、钛（Ti）、钒（V）及锌（Zn）22 个元素的元素总量。采用微波酸溶（微波消解法）等离子发射光谱法同时测定土壤、沉积物中铝（Al）、钡（Ba）、铍（Be）、钙（Ca）、钴（Co）、铬（Cr）、铜（Cu）、铁（Fe）、钾（K）、锂（Li）、镁（Mg）、锰（Mn）、钼（Mo）、钠（Na）、镍（Ni）、磷（P）、铅（Pb）、锶（Sr）、钛（Ti）、钒（V）及锌（Zn）21 个元素的元素总量。

测定土壤、沉积物中铝、铁、钙等常量元素，是为了校正对痕量元素的干扰。

各元素的分析检出限见表 5.1 及表 5.2。

表 5.1　四酸消解测定元素推荐波长及检出限　　单位：mg/kg

元素（谱线）	检出限	元素（谱线）	检出限	元素（谱线）	检出限
Al（308.215）	0.001 2	Fe（240.488）	0.000 1	P（178.287）	6.5
Al（309.271）	0.001 1	Fe（259.940）	0.000 1	P（213.618）	2.6
Ba（455.403）	0.18	Fe（261.762）	0.000 2	P（214.914）	1.9
Ba（493.409）	0.17	K（766.491）	0.002 2	Pb（220.353）	0.97
Be（313.042）	0.022	La（394.910）	0.012	Sr（215.284）	0.32
Ca（315.887）	0.000 2	La（408.672）	0.004	Sr（407.771）	0.056
Ca（317.933）	0.000 3	Li（670.784）	0.31	Ti（334.904）	0.63
Ca（393.366）	0.000 2	Mg（279.079）	0.002 3	Ti（334.941）	0.92
Co（228.616）	0.068	Mg（279.553）	0.000 1	Ti（337.280）	1.7
Co（230.786）	0.22	Mg（285.213）	0.000 2	V（309.311）	0.14
Cr（205.552）	0.22	Mg（293.674）	0.003 5	V（310.230）	0.62
Cr（267.716）	1.3	Mn（257.610）	0.15	Zn（202.548）	0.34
Cr（283.563）	0.13	Mo（202.030）	0.11	Zn（206.200）	0.31
Cr（357.869）	0.16	Na（588.995）	0.002 0	Zn（213.856）	0.32
Cu（324.754）	0.19	Na（589.592）	0.000 7		
Fe（239.924）	0.000 1	Ni（231.604）	0.11		

表 5.2 微波酸溶测定元素推荐波长及检出限 单位：mg/kg

元素（谱线）	检出限	元素（谱线）	检出限	元素（谱线）	检出限
Al（308.215）	0.002	Fe（239.924）	0.000 1	P（178.287）	6.5
Al（309.271）	0.002	Fe（240.488）	0.000 1	P（213.618）	2.6
Ba（455.403）	0.2	Fe（259.940）	0.000 1	P（214.914）	1.9
Ba（493.409）	0.2	Fe（261.762）	0.000 2	Pb（220.353）	1.0
Be（313.042）	0.03	K（766.491）	0.003	Sr（215.284）	0.4
Ca（315.887）	0.000 2	Li（670.784）	0.3	Sr（407.771）	0.06
Ca（317.933）	0.000 3	Mg（279.079）	0.003	Ti（334.904）	0.7
Ca（393.366）	0.000 2	Mg（279.553）	0.000 1	Ti（334.941）	1.0
Co（228.616）	0.07	Mg（285.213）	0.000 2	Ti（337.280）	1.7
Co（230.786）	0.3	Mg（293.674）	0.004	V（309.311）	0.2
Cr（205.552）	0.3	Mn（257.610）	0.2	V（310.230）	0.7
Cr（267.716）	1.3	Mo（202.030）	0.2	Zn（202.548）	0.4
Cr（283.563）	0.2	Na（588.995）	0.002	Zn（206.200）	0.4
Cr（357.869）	0.2	Na（589.592）	0.000 7	Zn（213.856）	0.4
Cu（324.754）	0.2	Ni（231.604）	0.2		

二、方法原理

采用盐酸-硝酸-氢氟酸-高氯酸全分解的方法或硝酸-氢氟酸-过氧化氢微波消解法，使试样中的待测元素全部进入试液中。然后，将土壤、沉积物消解液经等离子发射光谱仪进样器中的雾化器雾化并由氩载气带入等离子体火炬中，分析物在等离子炬中挥发、原子化、激发并辐射出特征谱线。不同元素的原子在激发或电离时可发射出特征光谱，特征光谱的强弱与样品中原子浓度有关，与标准溶液进行比对，即可定量测定样品中各元素的含量。

三、试剂和材料

标准贮备溶液可购买或用超纯试剂配制。水和试剂中所含待测物的含量与待测物浓度相比可忽略。除非另有说明，所有盐类均于 105℃干燥 1 h。实验用水应符合 GB/T 6682—2008 一级水的相关要求。

（1）硝酸：$\rho(HNO_3)$=1.42 g/ml，优级纯。

（2）盐酸：$\rho(HCl)$=1.19 g/ml，优级纯。

（3）氢氟酸：$\rho(HF)$=1.13 g/ml，优级纯。

（4）高氯酸：$\rho(HClO_4)$=1.68 g/ml，优级纯。

（5）氩气：钢瓶气，纯度不低于 99.9%。

（6）标准溶液

1）单元素标准贮备液：Al、Ba、Be、Ca、Co、Cr、Cu、Fe、K、La、Li、Mg、Mn、Mo、Na、Ni、P、Pb、Sr、Ti、V、Zn，浓度为 1 000 mg/L 或 500 mg/L。可从相应的标准样品研究机构购买或自配。

①铝（Al）：1 000 mg/L，准确称取 1.000 0 g 金属铝，用 150 ml（1+1）盐酸加热溶解，煮沸，冷却后，用水定容至 1 L。

②钡（Ba）：1 000 mg/L，准确称取 1.516 3 g 无水氯化钡（$BaCl_2$）（250℃烘 2 h），用水溶解并定容至 1 L。

③铍（Be）：100 mg/L，准确称取 0.100 0 g 金属铍，用 150 ml（1+1）盐酸加热溶解，冷却后用水定容至 1 L。

④钙（Ca）：1 000 mg/L，准确称取 2.497 2 g 碳酸钙（$CaCO_3$）（110℃干燥 1 h），溶解于 20 ml 水中，滴加盐酸至完全溶解，再加 10 ml 盐酸，煮沸除去 CO_2，冷却后，用水定容至 1 L。

⑤钴（Co）：1 000 mg/L，准确称取 1.000 0 g 金属钴，用 50 ml（1+1）硝酸加热溶解，冷却，用水定容至 1 L。

⑥铬（Cr）：1 000 mg/L，准确称取 1.000 0 g 金属铬，加热溶解于 30 ml（1+1）盐酸中，冷却，用水定容至 1 L。

⑦铜（Cu）：1 000 mg/L，准确称取 1.000 0 g 金属铜，加热溶解于 30 ml（1+1）硝酸中，冷却，用水定容至 1 L。

⑧铁（Fe）：1 000 mg/L，准确称取 1.000 0 g 金属铁，用 150 ml（1+1）盐酸溶解，冷却，用水定容至 1 L。

⑨钾（K）：1 000 mg/L，准确称取 1.906 7 g 氯化钾（KCl）（在 400～450℃灼烧到无爆裂声），溶于水，用水定容至 1 L。

⑩镧（La）：1 000 mg/L，准确称取 1.172 8 g 三氧化二镧（La_2O_3），加热溶解于少量硝酸中，加入 100 ml（1+1）硝酸，冷却，用水定容至 1 L。

⑪锂（Li）：1 000 mg/L，准确称取 5.324 0 g 碳酸锂（Li_2CO_3），滴加少量（1+1）盐酸至完全溶解，用水定容至 1 L。

⑫镁（Mg）：1 000 mg/L，准确称取 1.000 0 g 金属镁，加入 30 ml 水，缓慢加入 30 ml 盐酸，待完全溶解后，煮沸，冷却后，用水定容至 1 L。

⑬锰（Mn）：1 000 mg/L，准确称取 1.000 0 g 金属锰，用 30 ml（1+1）盐酸加热溶解，冷却，用水定容至 1 L。

⑭钼（Mo）：1 000 mg/L，准确称取 1.500 3 g 三氧化钼，溶于少量氢氧化钠溶液中，用水稀释到 50 ml，以硫酸酸化并过量 5 ml，再用水定容至 1 L。或准确称取 18 403 g 钼酸铵，以少量水溶解，再用水定容至 1 L。

⑮钠（Na）：1 000 mg/L，准确称取 2.542 1 g 氯化钠（NaCl）（在 400～450℃灼烧到无爆裂声），溶于水，用水定容至 1 L。

⑯镍（Ni）：1 000 mg/L，准确称取 1.000 0 g 金属镍，用 30 ml（1+1）硝酸加热溶解，冷却，用水定容至 1 L。

⑰磷（P）：1 000 mg/L，准确称取 4.263 5 g 磷酸氢二胺（$(NH_4)_2HPO_4$）溶解于少量水中，再用水定容至 1 L。

⑱铅（Pb）：1 000 mg/L，准确称取 1.000 0 g 金属铅，用 30 ml（1+1）硝酸加热溶解，冷却，用水定容至 1 L。

⑲锶（Sr）：1 000 mg/L，准确称取 1.684 8 g 碳酸锶（$SrCO_3$），用 60 ml（1+1）盐酸溶解并煮沸，冷却，用水定容至 1 L。

⑳钛（Ti）：1 000 mg/L，准确称取 1.000 0 g 金属钛，用 100 ml（1+1）盐酸加热溶解，冷却，用（1+1）盐酸定容至 1 L。

㉑钒（V）：1 000 mg/L 准确称取 1.000 0 g 金属钒，用 30 ml 水加热溶解，浓缩至近干，加入 20 ml 盐酸冷却后用水定容至 1 L。

㉒锌（Zn）：1 000 mg/L，准确称取 1.000 0 g 金属锌，用 40 ml 盐酸溶解，煮沸，冷却，用水定容至 1 L。

2）单元素标准使用液：分取上述单元素标准贮备液稀释配制。稀释时补加一定量的酸，使其与样品酸度一致。

3）多元素混合标准溶液：根据元素间相互干扰的情况与标准溶液的性质分组制备，浓度据分析样品及待测项目而定，标液的酸度尽量保持与待测样品溶液的酸度一致。表 5.3 给出土壤沉积物测定的标准溶液浓度范围（参考），共配置 5 个点。

表 5.3　土壤沉积物测定的标准溶液参考浓度范围

元素	浓度范围/（mg/L）
Be、Mo	0.00～0.50
Co、Cr、Cu、La、Li、Ni、Pb、Sr、Zn、V	0.00～1.00
Ba、P、Mn	0.00～10.00
Ti	0.00～40.00
Fe、Ca、Mg、Na、K	0.00～300
Al	0.00～500

4）国家有证参考物质：从 GBW07401～GBW07408、GBW07423～GBW07430 系列有证参考物质中选取 5 个试样，按四酸溶解法前处理，建立工作曲线。测定样品时，校准曲线与工作曲线选其一即可，使用工作曲线不需做系数校正。

四、仪器和设备

（1）电感耦合等离子原子发射光谱仪，具背景校正原子发射光谱计算机控制系统。

（2）聚四氟乙烯烧杯（50 ml），使用前用$\varphi(HNO_3)$=10%的硝酸浸泡，洗净。

（3）玻璃器皿，烧杯、漏斗、容量瓶和移液管，用于样品预处理，使用前用$\varphi(HNO_3)$=10%的硝酸浸泡，洗净。

五、干扰及消除

（1）ICP-AES 法干扰通常有光谱干扰与非光谱干扰两类。前者主要包括了连续背景和谱线重叠干扰。后者主要包括了化学干扰、电离干扰、物理干扰以及去溶剂干扰等。实际分析过程中各类干扰很难分清。一般情况下，必须予以补偿和校正。

（2）物理干扰一般由样品的黏滞程度及表面张力变化导致，尤其是当样品中含有大量可溶盐或样品酸度过高时，都会对测定产生干扰。消除此类干扰的最简单方法是将样品稀释。

（3）优化实验条件选择出最佳工作参数，可减小 ICP-AES 法的干扰效应。土壤沉积物中常量元素与微量元素间含量差别很大，因此来自常量元素的干扰不容忽视。表 5.4 列出了待测元素在分析波长下的主要光谱干扰（此为建议，在实际操作时，需根据仪器在标准波长附近选择最佳分析波长）。谱线重叠严重时，选择另外的谱线作为分析线以避开干扰，这种方法较适合大批常规分析而样品基体（即主成分）保持不变的情况。一般选择普通微量元素（它们的谱线重叠效应最为严重）的波长时，要选择那些不受主成分干扰的谱线，而对微量元素之间的相互影响可不必顾及。

表 5.4 元素间干扰

测定元素	测定波长/nm	干扰元素	测定元素	测定波长/nm	干扰元素
铝	308.215 309.271	钠、锰、钒、钼、铈 钠、镁、钒	镁	279.079 279.553 285.213 293.674	铈、铁、钛、锰 锰 铁 铁、铬
钡	455.403 493.409	铁 钪	锰	257.610	铁、镁、铝
铍	313.042 234.861	钛、钒、硒、铈 铁、钛、钼	钼	202.030	铝、铁、钛
钙	315.887 317.933 393.366	钴、钼、铈 铁、钠、硼、铀 钒、锶、铜	钠	588.995 589.592	钴 铝、钼
钴	228.616 230.786	钛、钡、镉、镍、铬、钼、铈 铁、镍	镍	231.604	铁、钴、铊
铬	205.552 267.716 283.563 357.869	铍、钼、镍 锰、钒、镁 铁、钼 铁	磷	178.287 213.618 214.914	钠 铁、铜 铜、钼、钨
铜	324.754	铁、铝、钛、钼	铅	220.353	铁、铝、钛、钴、铈、铜、镍、铋
铁	239.924 240.488 259.940 261.762	铬、钨 钼、钴、镍 钼、钨 镁、钙、锰	锶	215.284 407.771	铁、磷 铁、镧
钾	766.491	铜、铁、钨、镧	钛	334.904 334.941 337.280	镍、钼 铬、钙 锆、钪
镧	394.910 408.672	铁、钙、钛 铁	钒	309.311 310.230	铝、镁、锰 铝、钛、钾、钙、镍
锂	670.784	钒	锌	202.548 206.200 213.856	钴、镁 镍、镧、铋 铜、铁、钛、镍

（4）若靠选择谱线的方法仍不能避免光谱干扰时，可用化学富集分离、元素数学校正系数等进行干扰校正。化学富集分离的方法效果明显并可提高元素的检出能力，但操作手续繁冗且易引入试剂空白；基体匹配法（配制与待测样品基体成分相似的标准溶液）、背景扣除法及干扰系数法消除干扰。部分元素间干扰校正系数见表 5.5。

表 5.5　部分元素间干扰校正系数

测定元素（波长）/nm	干扰元素（干扰系数）	测定元素（波长）/nm	干扰元素（干扰系数）
铍（313.042）	钒（0.000 054）、 钛（0.000 062）	镍（231.604）	铁（−0.000 058）
钴（230.786）	铁（−0.000 034）	磷（213.618）	铁（−0.001 562）
铬（283.563）	铁（0.001 234）	铅（220.353）	铁（0.000 041）、 铝（−0.000 193） 钛（0.000 043）
铜（324.754）	铁（−0.000 039）、 铝（0.000 575）	钒（310.230）	铝（0.000 095）、 钛（0.000 696）
钼（202.030）	铁（0.000 009）、 铝（0.000 031） 钛（0.000 021）	锌（213.856）	铜（0.004 23）

六、样品

土壤样品采集和保存参照 HJ/T 166—2004 执行，沉积物样品采集和保存参照 GB 17378.3—2007 执行。样品的风干和筛分参照 HJ/T 166—2004 及 GB 17378.5—2007 相关部分进行操作，所有样品均应过 200 目筛。

七、分析步骤

（一）试料制备

样品消解见样品前处理部分，采用盐酸-硝酸-高氯酸-氢氟酸消解法或微波消解法。

（二）仪器参考测试条件

不同型号的仪器最佳测试条件不同，可根据仪器使用说明书进行选择。表 5.6 为推荐仪器参考分析条件。

表 5.6　仪器分析主要指标推荐参考条件

名称	设置
光源	ICAP
ICAP 观察方式	有自动、水平、垂直、线选择四种模式供选择
发射功率	1 150 W
辅助气流量	1.0 L/min
雾化器压力	24.0 psi①

① psi=6 894.76 Pa。

（三）样品测定

将预处理好的样品及空白溶液，在仪器最佳工作参数条件下，按照仪器使用说明书的有关规定，标准化校正后，做样品及空白测定。扣除背景或以干扰系数法修正干扰。扣除空白值后的元素测定值即为样品中该元素的浓度。

八、结果计算

（1）扣除空白值后的元素测定值即为样品中该元素的浓度。

（2）如果试样在测定之前进行了富集或稀释，应将测定结果除以或乘以一个相应的倍数；并要进行水分校正。

（3）测定结果最多保留四位有效数字，单位以 mg/kg 计。

九、质量保证和控制

（1）当开始使用本方法，在建立了标准曲线后，必须通过分析适当浓度的有证标准样品进行验证，如果标准样品的测量值超过实际值的±10%，则停止分析样品，重新校正仪器。新的标准曲线应该再次通过验证以后，才能继续进行分析。以后要定期（可半年）分析标准样品或质量控制样品，其测定值与标准值的误差应在质控规定要求内，方可继续进行分析。

（2）每分析一批试样，必须做一个实验室试剂空白。如果这个值超过方法检测限（MDL），说明实验室环境或者所使用的试剂本身有污染，在分析样品之前必须进行校正。

（3）在进行样品分析时，每分析 10 个样品（少于 10 个，完成样品分析后）需分析一个校准样品以校验工作曲线，如果得到的浓度超过标准值的±10%，则需找出问题并纠正后，重置工作曲线，再进行分析。

（4）每批样品分析时应至少测 1 个土壤或沉积物有证标准物质，测定结果的相对误差应≤20%。

（5）每批样品应进行 20%的平行样测定，当样品数小于 5 个时，应至少测定 1 个平行样。测定结果的相对偏差应≤25%。

（6）样品稀释：如果分析物浓度较高，稀释后样品最低浓度应高于 10 倍仪器检测限（IDL），稀释后分析结果与稀释前分析结果的相对偏差小于 5%（或在此类基体分析的控制限范围内），否则，应考虑化学或物理干扰。

十、注意事项

（1）如样品基体有变化，分析其中元素时，对新的分析技术要做比对试验，如与原子吸收方法做比对。

（2）样品稀释：如果分析物浓度较高，稀释后样品最低浓度应高于 10 倍仪器检测限（IDL），稀释后分析结果与稀释前分析结果的相对偏差小于 5%（或在此类基体分析的控制限范围内），否则，应考虑化学或物理干扰。

（3）每半年要做一次仪器谱线的校对以及元素间干扰系数的测定。

第二节 电感耦合等离子体质谱法

一、适用范围

本方法规定了测定土壤中镉、铅、铜、锌、铁、锰、镍、钼和铬等的电感耦合等离子体质谱仪 ICP-MS 分析方法，方法检出限见表 5.7。

表 5.7 四酸消解法测定元素检出限

单位：mg/kg

元素	检出限	元素	检出限	元素	检出限
Li	0.05	Ga	0.03	La	0.5
Be	0.01	Rb	0.5	Ce	0.5
Sc	0.05	Sr	0.5	Pr	0.05
V	8	Y	0.1	Nd	0.3
Cr	7	Nb	0.03	Ta	0.01
Mn	1	Mo	0.1	W	0.05
Co	0.01	Cd	0.03	Tl	0.03
Ni	0.1	In	0.01	Pb	0.5
Cu	1	Cs	0.03	Th	0.03
Zn	2	Ba	0.3	U	0.03

二、原理

土壤样品经消解后，加入内标溶液，样品溶液经进样装置被引入到电感耦合等离子体中，根据各元素及其内标的质荷比（*m/z*）测定各元素离子的计数值，由各元素的离子计数值与其内标的离子计数值的比值，求出元素的浓度。

三、试剂

标准贮备溶液可购买或用超纯试剂配制。水和试剂中所含待测物的含量与待测物浓度相比可忽略。除非另有说明，所有盐类均于 105℃干燥 1 h。实验用水应符合 GB/T 6682—2008 一级水的相关要求。

（1）硝酸，$\rho(HNO_3)$=1.42 g/ml，优级纯以上，本方法测定用工艺超纯。

（2）盐酸，$\rho(HCl)$=1.19 g/ml，优级纯以上，本方法测定用工艺超纯。

（3）氢氟酸，$\rho(HF)$=1.13 g/ml，优级纯。

（4）高氯酸，$\rho(HClO_4)$=1.68 g/ml，优级纯以上，本方法测定用工艺超纯。

（5）标准系列

1）镉、铅、铍等 32 个元素：浓度为 100 mg/L 或 500 mg/L。可从相应的标准样品研究机构购买，或自配。

2）从国家有证标准物质 GBW07401～GBW07408、GBW07423～GBW07430 中选取 5

个试样，按四酸溶解法前处理，建立工作曲线。测定样品时，校准曲线与工作曲线选其一即可。

（6）内标贮备液：铑 100 mg/L、铱 100 mg/L。

（7）内标溶液：铑、铱各 5 ng/ml，介质为 0.1%HNO_3。

四、仪器和设备

（1）电感耦合等离子体质谱仪，具计算机控制系统。

（2）扫描范围为 5～250 u 以上，分辨率为 10%质谱峰高处的峰宽小于 1 u。

（3）聚四氟乙烯烧杯（50 ml），使用前用$\varphi(HNO_3)$=10%的硝酸浸泡，洗净。

（4）玻璃器皿，烧杯、漏斗、容量瓶和移液管，用于样品预处理，使用前用$\varphi(HNO_3)$=10%的硝酸浸泡，洗净。

五、干扰及消除

（一）非质谱干扰

在大批量试样长时间分析时，试样离子经复合、冷凝，沉积在采样锥和截取锥的表面，逐渐影响仪器的灵敏度，经试验发现，这种漂移程度和试样基体、仪器的状态（主要是气体质量、锥的新旧程度）密切相关。Li、Co、Ce、U 等元素 150 min 内的信号有漂移。要消除这种“非质谱干扰”，必须使用内标元素进行补偿。对于基体影响，可控制稀释倍数使固体总溶解量（TDS）控制在 500 mg/L 以下，此时可降低基体影响；同时，采用标准物质溶液作为工作曲线，可以进一步降低基体效应。

（二）质谱干扰

一些元素的质谱干扰必须加以校正，否则会影响分析准确度。主要有：V、Sc、Cr 受多原子离子的干扰；Ga 受双电荷离子的干扰；Cd 和 In 受同位素干扰。

干扰校正公式如下：

$$[^{51}V]=M-3.046\times[^{53}ClO]$$
$$[^{71}Ga]=M-0.014\times[^{140}Ce]$$
$$[^{114}Cd]=M-0.025\times[^{118}Sn]$$
$$[^{115}In]=M-0.014\times[^{118}Sn]$$

元素 Sc、Cr 受到多种多原子离子干扰，情况较复杂，无法用数学方法校正。经试验，可以借鉴 CCT（碰撞池）技术减轻干扰影响。对于具有多个同位素的分析元素，按照优先考虑干扰情况，其次考虑灵敏度的原则选择同位素。ICP-MS 分析中，比较合适用作内标的元素有：^{6}Li、^{45}Sc、^{89}Y、^{103}Rh、^{115}In、^{159}Tb、^{165}Ho、^{209}Bi、^{193}Ir。根据准确度和稳定性作为选择内标的判据，考虑实际样品中元素分布状况以及大量样品分析经验，本方法选择 ^{103}Rh、^{193}Ir 为内标元素，比较好地满足分析要求。各分析元素及其内标元素同位素的选择见表 5.8。

表 5.8 分析元素及内标元素同位素

分析元素	内标元素	分析元素	内标元素	分析元素	内标元素
^{7}Li	^{103}Rh	^{71}Ga	^{103}Rh	^{139}La	^{103}Rh
^{9}Be	^{103}Rh	^{85}Rb	^{103}Rh	^{140}Ce	^{103}Rh
^{45}Sc	^{103}Rh	^{88}Sr	^{103}Rh	^{141}Pr	^{103}Rh
^{51}V	^{103}Rh	^{89}Y	^{103}Rh	^{146}Nd	^{103}Rh
^{52}Cr	^{103}Rh	^{93}Nb	^{103}Rh	^{181}Ta	^{193}Ir
^{55}Mn	^{103}Rh	^{98}Mo	^{103}Rh	^{182}W	^{193}Ir
^{59}Co	^{103}Rh	^{114}Cd	^{103}Rh	^{205}Tl	^{193}Ir
^{60}Ni	^{103}Rh	^{115}In	^{103}Rh	^{207}Pb	^{193}Ir
^{65}Cu	^{103}Rh	^{133}Cs	^{103}Rh	^{232}Th	^{193}Ir
^{66}Zn	^{103}Rh	^{137}Ba	^{103}Rh	^{238}U	^{193}Ir

六、样品

土壤样品采集和保存参照 HJ/T 166—2004 执行，沉积物样品采集和保存参照 GB 17378.3—2007 执行。样品的风干和筛分参照 HJ/T 166—2004 及 GB 17378.5—2007 相关部分进行操作，所有样品均应过 200 目筛。

七、分析步骤

（一）试料制备

准确称取 0.05 g 试样于 50 ml 聚四氟乙烯坩埚中，吹入少量水润湿样品，加入 5 ml HCl、3 ml HNO_3、7 ml HF、0.25 ml $HClO_4$。将样品置于 220℃电热板加热 3 h 左右，待缩小体积后取下用水吹洗坩埚盖及内壁，揭盖后继续加热至白烟冒尽，用水吹洗内壁后滴加 1 滴 $HClO_4$，继续加热至 $HClO_4$ 白烟冒尽。取下坩埚后用水吹洗内壁，加入 20%王水 10 ml，加盖，加热至微沸后取下冷却，于塑料刻度管中用水定容至 25 ml。该溶液即可上机测定。

样品消解见样品前处理部分，采用盐酸-硝酸-高氯酸-氢氟酸消解法或微波消解法或碱熔法，但称样量酌情减少。

（二）仪器参考测试条件

不同型号的仪器最佳测试条件不同，可根据仪器使用说明书进行选择。表 5.9 为推荐仪器参考分析条件。

表 5.9 仪器分析主要指标推荐参考条件

工作参数	设定值
射频功率	1.25 kW
冷却气流量	13.0 L/min
辅助气流量	0.70 L/min
雾化气压力	1.9 bar

工作参数	设定值
测量方式	跳峰
扫描次数	45
停留时间	10 ms
每个质量通道数	3
样品间隔冲洗时间	19～24 s
蠕动泵转速	分析 30 r/min；冲洗 70 r/min

（三）样品测定

将预处理好的样品及空白溶液，在仪器最佳工作参数条件下，按照仪器使用说明书的有关规定，标准化校正后，做样品及空白测定。扣除空白值后的元素测定值即为样品中该元素的浓度。

八、结果计算

（1）扣除空白值后的元素测定值即为样品中该元素的浓度。

（2）如果试样在测定之前进行了富集或稀释，应将测定结果除以或乘以一个相应的倍数；并要进行水分校正。

（3）测定结果最多保留四位有效数字，单位以 mg/kg 计。

九、注意事项

（1）样品分解过程中必须严格控制沾污，发现空白异常必须重新处理。

（2）每分析 50 件左右的样品后，必须重做工作曲线以保证分析结果的准确性。

（3）当仪器的工作条件发生变化时必须做质量数校正和检测器交叉点校正。

（4）每 2～3 天必须做检测器交叉点校正，确保仪器有正常的线性范围。

（5）每分析 800～1 000 件样品后，必须擦洗采样锥和截取锥，确保仪器的灵敏度和稳定性。

（6）分析同批样品时避免不同瓶氩气的切换。

第三节　土壤和沉积物无机元素的测定——X 射线荧光光谱法

一、适用范围

本方法采用粉末压片-波长色散 X 射线荧光光谱法测定土壤和沉积物中 32 种无机元素，包括砷（As）、钡（Ba）、溴（Br）、铈（Ce）、氯（Cl）、钴（Co）、铬（Cr）、铜（Cu）、镓（Ga）、铪（Hf）、镧（La）、锰（Mn）、镍（Ni）、磷（P）、铅（Pb）、铷（Rb）、硫（S）、钪（Sc）、锶（Sr）、钍（Th）、钛（Ti）、钒（V）、钇（Y）、锌（Zn）、锆（Zr）、硅（Si）、铝（Al）、铁（Fe）、钾（K）、钠（Na）、钙（Ca）、镁（Mg）。

方法检出限和测定下限，详见表 5.10。

表 5.10　测定元素分析方法检出限和测定下限

序号	元素	检出限	测定下限	序号	元素	检出限	测定下限
1	As	2	6	17	S	30	90
2	Ba	11.7	35.1	18	Sc	2.4	6.6
3	Br	1	3	19	Sr	2	6
4	Ce	24.1	72.3	20	Th	2.1	6.3
5	Cl	20	60	21	Ti	50	150
6	Co	1.6	4.8	22	V	4	12
7	Cr	3	9	23	Y	1	3
8	Cu	1.2	3.6	24	Zn	2	6
9	Ga	2	6	25	Zr	2	6
10	Hf	1.7	5.1	26	SiO_2	0.27	0.81
11	La	10.6	31.8	27	Al_2O_3	0.056 7	0.18
12	Mn	10	30	28	Fe_2O_3	0.05	0.15
13	Ni	1.5	4.5	29	K_2O	0.05	0.15
14	P	10	30	30	Na_2O	0.05	0.15
15	Pb	2	6	31	CaO	0.09	0.27
16	Rb	2	6	32	MgO	0.05	0.15

注：元素浓度单位为 mg/kg；氧化物浓度单位为%。

二、方法原理

土壤或沉积物样品经过衬垫压片或铝环（塑料环）压片后，试样中的原子受到适当的高能辐射激发后，放射出该原子所具有的特征 X 射线，其强度大小与试样中的该元素浓度成正比。通过测量特征 X 射线的强度来定量试样中各元素的含量。

三、干扰和消除

（1）试样内产生的 X 射线荧光强度值与元素的质量分数及原级光谱的质量吸收系数有关。一束 X 射线进入样品到达不同电子层，当出现某元素特征谱线被基体中另一元素光电吸收，产生该吸收基体元素的特征辐射时，此效应为增强效应（正吸收）；当基体中起增强作用的元素被吸收时，使其强度减弱（负吸收）。元素间吸收-增强效应可通过基本参数法、影响系数法或两者相结合的方法（即经验系数法）进行准确的计算处理后消除这种基体效应（见表 5.11）。

（2）试样的粒度、不均匀性和表面结构都会对分析线测量强度造成影响，应尽量控制这些因素，并与标准样品保持一致，则这些影响可以减小甚至消除。

（3）可通过分析多个标准样品计算谱线重叠干扰校正系数，来校正谱线重叠干扰（见表 5.11）。重叠干扰校正系数计算方法：首先通过元素扫描，分析与待测元素分析线有关的干扰线，确定参加谱线重叠校正的干扰元素，然后利用标准样品直接测定干扰线校正 X 射线强度的方法来求出谱线重叠校正系数。

表 5.11　基体效应校正元素、谱线重叠干扰元素

序号	元素	分析谱线	参与基体校正的元素	谱线重叠干扰元素线	谱线重叠干扰校正元素线
1	As	Kα	Fe、Ca	Pb Lα	Pb Lβ
2	Ba	Lα	Si、Fe、Ca	Ti Kα、V Kα	Ti Lβ、V Lβ
3	Br	Kα	Fe、Ca	As、Pb、Ba、W、Zr、Bi、Sn	As
4	Ce	Kα		Ba、Ti	Ba、Ti
		Lα	Ti、Si、Al、Fe、Ca、Mg	Ba、Sr、Ti、W、Zn	
5	Cl	Kα	Ca	Mo、Na	
6	Co	Kα	Si、Fe、Ca	Fe、Cr、Cu、Hf、Pb、Y、Zr	Fe
7	Cr	Kα	Si、Fe、Ca	V、Ni	V
8	Cu	Kα	Fe、Ca	Sr、Zr	Sr、Zr、Ni
9	Ga	Kα	Fe、Ca	Pb、Hf、Ni、Pb、Zn	Pb
10	Hf	Lα	Si、Fe、Ca	Zr、Sr、Cu、Ba、Ce	Zr、Sr、Cu
11	La	Lα	Si、Ca、Fe、Ti、Al、Mg	Ti、Ga、Sb	Ti
12	Mn	Kα	Si、Al、Fe、Ca、Ti	Cr、Ni	
13	Ni	Kα	Si、Fe、Ca、Mg、Ti	Y、Rb	Y、Rb
14	P	Kα	Al、Si、Fe、Ca、Ti	Ba、Cu	
15	Pb	Lβ	Fe、Ca、Ti	Sn、Nb	
16	Rb	Kα	Fe、Ca		
17	S		Si、Fe、Ca	Fe、As	
18	Sc	Kα	Si、Al、Fe、Ca、K	Ca、Ce、Sb、Ti	Ca
19	Sr	Kα	Fe、Ca、Ti		
20	Th	Lα	Fe、Ca	Bi、Pb、Sr	Bi、Pb
21	Ti	Kα	Si、Al、Fe、Ca	Ba	
22	V	Kα	Si、Al、Fe、Ca	Ti、Ba、Sr、W、Zr	Ti
23	Y	Kα	Fe、Ca	Rb、Ba、Zr	Rb、Sr
24	Zn	Kα	Fe、Ca	Zr	
25	Zr	Kα	Fe、Ca、Ti	Sr Kβ	Sr Kα
26	Si	Kα	Mg、Al、Fe、Ca、Mg、K、Na、Ti		
27	Al	Kα	Si、Fe、Ca、Mg、K、Na、Ti		
28	Fe	Kα	Si、Al、Ca、Mg		
29	K	Kα	Si、Al、Fe、Ca、Mg、Ti		
30	Na	Kα	Si、Al、Fe、Ca、Mg、Ti	Mg、Zn	Mg
31	Ca	Kα	Al、Si、Fe、K、Mg、Ti		
32	Mg	Kα	Si、Al、Fe、Ca、K、Na、Ti		

四、试剂和材料

（1）硼酸：分析纯。

（2）32 种无机元素的标准样品：直接购买有证标准物质或标准样品。

（3）塑料环（内径 34 mm）。

（4）氩气-甲烷气：氩气 90%，甲烷气 10%。

五、仪器和设备

（1）X 射线荧光光谱仪：波长色散型，具计算机控制系统。

（2）压样机：最大压力 40 t。

六、样品

（1）样品的采集、保存和前处理

土壤样品采集和保存参照 HJ/T 166—2004 执行，沉积物样品采集和保存参照 GB 17378.3—2007 执行。样品的风干和筛分参照 HJ/T 166—2004 及 GB 17378.5—2007 相关部分进行操作，所有样品均应过 200 目筛。

（2）试样的制备

将 5 g 左右过筛样品于压样机上以一定压力压制成≥7 mm 厚度的薄片，用硼酸垫底、镶边或塑料环镶边。压力及停留时间根据使用的压力机及镶边材质优化获取。

七、分析步骤

（一）仪器条件的选择

不同型号的仪器，其测定条件不尽相同，参照仪器厂商提供的数据库选择最佳工作条件，主要包括 X 光管的高压和电流、元素的分析线、分析晶体、准直器、探测器、脉冲高度分布（PHA）、背景校正。

（二）校准

按照与试样的制备相同操作步骤，压制不同含量元素标准样品（至少 20 个不同含量标准样品）的薄片，32 种无机元素的含量范围参见表 5.12。在仪器最佳工作条件下，依次上机测定分析，记录 X 射线荧光强度。以 X 射线荧光强度（kcps）为纵坐标，以对应各元素的含量（mg/kg 或百分数）为横坐标，绘制校准曲线。

表 5.12 测定元素校准曲线范围

序号	元素	含量范围	序号	元素	含量范围	序号	元素	含量范围
1	As	2～841	12	Mn	10.8～2 490	23	Y	2.4～67
2	Ba	44.3～1 900	13	Ni	2.7～333	24	Zn	24.0～3 800
3	Br	0.25～40	14	P	38.4～4 130	25	Zr	3.0～1 540
4	Ce	3.5～402	15	Pb	7.6～636	26	SiO_2	6.65～82.89
5	Cl	10.8～1 400	16	Rb	4.79～470	27	Al_2O_3	7.7～29.26
6	Co	2.6～97	17	S	50～940	28	Fe_2O_3	1.9～18.76
7	Cr	7.2～795	18	Sc	4.4～43	29	K_2O	1.03～7.48
8	Cu	4.1～1 230	19	Sr	28～1 198	30	Na_2O	0.1～7.16
9	Ga	3.2～39	20	Th	3.6～79.3	31	CaO	0.08～8.27
10	Hf	4.9～34	21	Ti	1 270～46 100	32	MgO	0.21～4.14
11	La	21～164	22	V	15.6～768			

注：氧化物含量单位为%，其他元素含量单位为 mg/kg。

（三）测定

将待测试样按照与绘制校准曲线相同测定条件进行测定，记录 X 射线荧光强度。

八、结果计算与表示

以 Excel 等形式导出，样品中铝、铁、硅、钾、钠、钙、镁以氧化物表示，单位为%；其他均以元素表示，单位为 mg/kg。测定结果最多保留四位有效数字，小数点后最多保留两位。

九、精密度和准确度

五家实验室分别对国家有证标准物质（土壤、水系沉积物和海洋沉积物）和实际样品（土壤及底泥）进行了分析测定，实验室内相对偏差为 0.0%～15.7%；实验室间相对偏差为 0.0%～22.2%；重复性限 0.00～56.52 mg/kg，再现性限为 0.08～124.3 mg/kg。对国家一级标样分析的相对误差（平均）为–14.6%～12.3%。

十、质量保证和质量控制

（1）每次分析样品时应进行测量仪器漂移校正，一般使用高含量标准化样品进行校正。

（2）每批样品分析时应测定国家有证标准物质，其测定值与校准曲线对应点含量的相对误差应≤10%。

（3）每批样品分析时应至少测 1 个土壤或沉积物有证标准物质，测定结果的相对误差应≤20%。

（4）每批样品应进行 20%的平行样测定，当样品数小于 5 个时，应至少测定 1 个平行样。测定结果的相对偏差应≤25%。

（5）当样品基体明显超出本方法规定的土壤和沉积物范围时，不得报出数据；当元素含量超出校准曲线测量范围时，不得随意报出数据，应使用其他方法验证后方可报出数据。

十一、注意事项

当更换氩气-甲烷气体后，应进行谱线校正和定量校正。

第四节　土壤和沉积物汞的测定——催化热解-原子吸收法

一、适用范围

本节规定了测定土壤、沉积物中汞的催化热解-原子吸收方法。

此方法适用于土壤、沉积物中汞的测定。

当取样量为 1.000 g 时，本方法检出限为 2×10^{-5} mg/kg，测定下限为 8×10^{-5} mg/kg，测定范围为 8×10^{-5}～0.6 mg/kg。

二、方法原理

样品在高温催化剂的条件下，各形态汞被还原为单质汞，随载气进入混合器被金汞齐选择性吸附，其他分解产物随载气排出，混合器快速加温，将汞齐吸附的汞解吸，形成汞蒸气，汞蒸气随载气进入原子吸收光谱仪，在 253.7 nm 下测定其吸光率，吸光率与汞含量呈函数关系。

三、干扰及消除

（1）在汞污染的环境中操作，仪器的背景值会明显地增加。

（2）当一个高浓度汞样品（大于等于 400 ng）在一个低浓度（小于等于 25 ng）汞样品前进行分析时，将会产生记忆效应。通常批量分析样品时，先分析低浓度样品，否则在分析高浓度样品后，分析 3%硝酸溶液，当其分析结果低于 0.10 ng 时，再进行下一样品分析。

（3）游离氯气和易挥发有机物、水蒸气在 253.7 nm 处有吸收而产生干扰，热解催化剂吸附去除这部分分解产物，金质混合器将有选择性地吸附汞蒸气，因而去除干扰。

四、试剂和材料

除非另有说明，分析时均使用符合国家标准的分析纯试剂和蒸馏水。

（1）高纯氧气（O_2）：纯度要求 99.999%以上，在气源与测汞仪器之间安装一个网孔过滤器，以防止汞蒸气污染。

（2）重铬酸钾（$K_2Cr_2O_7$）：优级纯。

（3）硝酸（HNO_3）：ρ=1.42 g/ml。

（4）氯化汞（$HgCl_2$）：分析纯，在硅胶（7）干燥器中充分干燥。

（5）汞标准贮备液：100 mg/L。

称取 0.135 4 g 氯化汞（4），用固定液（6）溶解后，转移至 1 000 ml 容量瓶，再用固定液稀释至标线，摇匀。

也可购买相应的汞的有证标准物质。

（6）汞标准固定液：将 0.5 g 重铬酸钾（2）溶于 950 ml 蒸馏水中，再加 50 ml 硝酸。

（7）变色硅胶：ϕ3～4 mm，干燥用。

五、仪器和设备

实验所用的玻璃器皿均需用（1+1）硝酸溶液浸泡 24 h 后，依次用自来水、蒸馏水洗净。

（1）测汞仪：自动测汞仪，具有固体自动进样系统，催化、热分解炉，原子吸收光谱仪，金汞齐吸附装置及数据处理系统。

（2）天平：万分之一。

六、样品

土壤样品采集和保存参照 HJ/T 166—2004 执行，沉积物样品采集和保存参照

GB 17378.3—2007 执行。样品的风干和筛分参照 HJ/T 166—2004 及 GB 17378.5—2007 相关部分进行操作，所有样品均应过 200 目筛。

七、分析步骤

（一）标准曲线绘制

取汞标准贮备液逐级稀释，配置高、低两条校准曲线。低浓度校准曲线：2.50 ng、3.75 ng、5.00 ng、6.25 ng、10.00 ng、15.00 ng、20.00 ng、25.00 ng、30.00 ng、40.00 ng；高浓度组 50.00 ng、75.00 ng、100.00 ng、125.00 ng、200.00 ng、300.00 ng、400.00 ng、500.00 ng。高、低浓度范围可根据仪器灵敏度适当调整。

（二）空白试样

空白溶液：3%硝酸代替。

（三）测试

（1）根据仪器说明书设定系统参数，确定分析条件，本方法仪器参考条件见表 5.13。

表 5.13 仪器测试

参数	条件
干燥温度/℃	300
干燥时间/s	60
分解温度/℃	850
分解时间/s	180
催化温度/℃	600
金汞齐混合加热温度/℃	900
金汞齐混合加热时间/s	12

（2）仪器开机预热约 15 min，选择校准曲线（第一次分析时，进行校准曲线的绘制），进行样品及质控样分析。

（3）称取 0.300 0～0.500 0 g 样品，导入仪器，进行仪器自动测量。

八、结果计算与表示

（一）结果计算

测得未知样品分析元素的吸光值，由计算机软件计算元素含量并自动打印出分析结果，再进行吸附水系数校正，即为样品中汞含量。

样品中总汞的含量 c（Hg，mg/kg）按公式进行计算：

$$c = m/[w(1-f)] \tag{5.1}$$

式中：m——干燥样品中汞量，ng；

w——称取土样重量，g；

f——土壤含水率，%。

（二）结果表示

计算结果保留三位有效数字。

九、精密度和准确度

五家实验室对土壤、沉积物中汞三种不同浓度的样品进行了测定，实验室内相对标准偏差分别为6.0%～19.5%、2.6%～12.0%、3.7%～8.6%；实验室间相对标准偏差分别为8.0%、2.9%、7.2%；五家实验室对土壤、沉积物中汞三种不同浓度的标准样品进行了测定：相对误差分别为；1.5%～16.7%、0.7%～1.6%、0.3%～6.8%。

十、注意事项

（1）当更换氧气后，需重新建立校正曲线。

（2）校准曲线一般三个月做一次，在此时间内每次分析样品前，应用校准曲线的一个高浓度和一个低浓度的校准溶液进行校准曲线核查，如果相对偏差小于 5%，则此校准曲线可以继续使用。否则应重新建立校准曲线。

（3）每次分析样品前，需检查样品的空白值。将空白样品或加 200 μl 3%硝酸溶液后按样品分析程序进行分析，测定量应低于 0.10 ng，否则应对样品进行除残处理。

（4）每批样品至少要有 10%的室内平行，若样品量少，则至少要做一份室内平行样品，此平行样品的允差应符合土壤监测技术规范的要求。

第五节　土壤及沉积物中汞、砷、硒、锑、铋测定方法——原子荧光法

（一）范围

本方法适用于土壤及沉积物汞、砷、硒、锑、铋的测定。测定范围分别为 0.005～10 mg/kg，0.50～1 000 mg/kg，0.05～100 mg/kg，0.05～100 mg/kg，0.05～100 mg/kg。

（二）原理

试样用王水分解，硼氢化钾还原，生成原子态的汞，经氩气导入原子化器，用原子荧光光度计进行测定。

（三）试剂

（1）盐酸，ρ=1.19 g/ml，分析纯。

（2）硝酸，ρ=1.42 g/ml，分析纯。

（3）磷酸，分析纯。

（4）硼氢化钾（95%），分析纯。

（5）氢氧化钠，分析纯。

（6）重铬酸钾溶液：$\rho(K_2Cr_2O_7)$=10 g/L。

（7）王水（1+1）：将 300 ml 盐酸（1）和 100 ml 硝酸（2）混合制成王水，加入 400 ml 水，24 ml 磷酸，混匀，用时现配。

（8）硼氢化钾溶液，4 g/L 称取 4 g 硼氢化钾（4），2 g 氢氧化钠（5），溶于 100 ml 水中，搅拌均匀，用时现配。测定汞用。

（9）酒石酸溶液（5%）：称取酒石酸 50 g，溶于 1 000 ml 10%盐酸溶液中；

（10）硫脲-抗坏血酸溶液：称取 10 g 硫脲，10 g 抗坏血酸，溶于 100 ml 10%盐酸溶液中。

（11）标准储备液

1）汞标准储备液：称取 1.353 5 g 分析纯氯化汞，加入硝酸（2）50 ml，加水 100 ml，溶解后移入 1 000 ml 容量瓶中，加入 10 ml 重铬酸钾溶液（6），水稀释至刻度，摇匀。此标准储备液 1 ml 含 1.00 mg 汞。

2）砷标准储备液：称取 1.320 3 g As_2O_3，溶于 8 ml 0.5 ml/L 氢氧化钠溶液中，用（1+1）硫酸中和至微酸性，水稀释至 1 000 ml。此标准储备液 1 ml 含 1.00 mg 砷。

3）硒标准储备液：称取 0.100 0 g 硒粉（99.95%）于 100 ml 烧杯中，加入 10 ml 硝酸，于水浴上加热溶解，水稀释至 1 000 ml，摇匀。此标准储备液 1 ml 含 100 μg 硒。

4）锑标准储备液：称取 0.598 6 g 光谱纯 Sb_2O_3，加热溶解于 10 ml 盐酸和 5 ml 硝酸中，10%盐酸稀释至 1 000 ml，摇匀。此标准储备液 1 ml 含 500 mg 锑。

5）铋标准储备液：称取 1.000 0 g 金属铋（99.99%），加热溶解于 100 ml 浓硝酸，水稀释至 1 000 ml，摇匀。此标准储备液 1 ml 含 1.00 mg 铋。

6）汞、砷、硒、锑、铋标准工作溶液：分取上述标准储备液逐级稀释，制备成标准工作溶液。

（四）仪器

原子荧光光度计；汞、砷、硒、锑、铋高强度空心阴极灯。

本方法仪器参考工作参数见表 5.14。

表 5.14 汞、砷、硒、锑、铋参考工作参数

参数	汞	砷	硒	锑	铋
负高压/V	290	290	300	290	300
灯电流/mA	30	50	80	70	70
载气流量/（ml/min）	400	400	400	400	400
屏蔽气流量/（ml/min）	800	800	800	800	800
读数时间/s	12	12	17	12	17
延迟时间/s	1				
积分方式	峰面积				

（五）分析步骤

1．样品预处理

样品消解见王水水浴消解法。

2．空白试验

随同试样进行二份空白试验。

3．校准曲线的绘制

分取一定量的汞标准工作液分别置于 100 ml 容量瓶中，加入（1+1）王水溶液 25 ml，重铬酸钾溶液 1 ml，水稀释至刻度，摇匀，一般配制校准曲线汞的浓度范围为 0～10.0 μg/L。以下按分析步骤进行，测定荧光强度，以汞的浓度为横坐标相应的荧光强度为纵坐标，绘制工作曲线。

分取一定量的砷、锑标准工作液置于 100 ml 容量瓶中，加入（1+1）王水溶液 25 ml，酒石酸溶液约 50 ml，加入硫脲-抗坏血酸溶液 10 ml，用酒石酸溶液稀释至刻度，立即摇匀，一般配制校准曲线砷的浓度范围为 0～100.0 μg/L，锑的浓度范围为 0～50.0 μg/L。以下按分析步骤进行，同时测定砷和锑的荧光强度，以砷和锑的浓度为横坐标，以相应的荧光强度为纵坐标，分别绘制工作曲线。

分取一定量的硒、铋标准工作液置于 100 ml 容量瓶中，加入（1+1）王水溶液 25 ml，水稀释至刻度，摇匀，一般配制校准曲线硒的浓度范围为 0～100.0 μg/L，铋的浓度范围为 0～20.0 μg/L。以下按分析步骤进行，同时测定铋和硒的荧光强度，以铋和硒的浓度为横坐标，其相应的荧光强度为纵坐标，分别绘制工作曲线。

注：校准曲线最高浓度点配制应根据测定样品的范围及仪器灵敏度而适当调整，也可以汞、铋同时测定。

4．样品测定

抽取上层清液，以硼氢化钾溶液作还原剂，在原子荧光光度计上测定汞、硒、铋的荧光强度，从校准曲线上查出相应的汞、硒、铋浓度。

抽取 2～10 ml 上清液于 25 ml 容量瓶中，取一定量的砷、锑标准工作液置于 100 ml 容量瓶中，酒石酸溶液约 10 ml，加入硫脲-抗坏血酸溶液 2.50 ml，用酒石酸溶液稀释至刻度，立即摇匀。同时测定砷和锑的荧光强度，从校准曲线上查出相应的砷和锑浓度。

（六）分析结果的计算

按下式计算汞等元素的含量：

$$w(\mu g \cdot g^{-1}) = \frac{\rho \times V}{m} \times 10^{-3}$$

式中：ρ——从工作曲线上查得的样品浓度，ng/ml；

V——试样溶液测定体积，ml；

m——取样量，g。

第六节　土壤和沉积物中微量铊测定方法
——泡塑富集-石墨炉原子吸收分光光度法

一、适用范围

本方法规定了测定土壤中铊的石墨炉原子吸收法。采用 HF-$HClO_4$-HNO_3-HCl 溶解样品，泡沫塑料富集-石墨炉原子吸收光谱法测定土壤和沉积物等样品中微量铊。方法检出限可达 0.058 mg/kg。

二、试剂

（1）HNO_3、HCl、$HClO_4$、HF、H_2O_2、抗坏血酸等试剂均为分析纯；

（2）Fe^{3+}溶液（100 g/L）：准确称取 485.0 g $FeCl_3 \cdot 6H_2O$，溶解于 1 L 水中。

（3）EDTA-$(NH_4)_2SO_4$溶液：5 g EDTA 溶于少量水中，滴加φ=50%（体积分数，下同）的 $NH_3 \cdot H_2O$ 使溶解完全，加 10 g 分析纯$(NH_4)_2SO_4$，溶解后加水稀释至 1 L，用 $NH_3 \cdot H_2O$ 调节 pH 为 7。

（4）抗坏血酸。

（5）泡沫塑料：每块 0.2 g。

（6）Tl 标准溶液：准确称取 55.87 mg Tl_2O_3 于 100 ml 烧杯中，加 10 ml HCl，盖表面皿，在水浴上加热使溶解完全，移入 500 ml 容量瓶中，并稀释至刻度，摇匀。此储备液质量浓度为 100 mg/L，用时根据需要稀释。

三、仪器

（1）石墨炉原子吸收分光光度计；

（2）铊空心阴极灯；

（3）推荐仪器参数

波长：276.8 nm；狭缝宽：0.7 nm；灯电流：8 mA。

石墨炉升温程序：干燥阶段：90℃保留 10 s；120℃保留 15 s；灰化阶段：650℃保留 20 s；原子化阶段：1 600℃保留 3 s；清洗阶段：2 300℃保留 3 s。

四、分析步骤

（一）试样制备

称取 0.200 0 g 试样于 50 ml 聚四氟乙烯烧杯中，加入 5 ml HF、5 ml 5 mol/L HNO_3、0.5 ml $HClO_4$，加盖，置于电热板上加热 30 min 后取去盖，低温蒸干。加φ=50%的王水 5 ml，吹洗杯壁，盖上表面皿，置于电热板上加热微沸几分钟，取下，稍冷。吹洗表面皿，移入振荡瓶中，用水稀释至 50 ml，加入 2 ml H_2O_2、1 ml Fe^{3+}溶液，放入一块已处理的泡沫塑料，置于往复振荡器上振荡 1 h，取出泡沫塑料用自来水反复挤压、冲洗，最后用去离子水冲洗 2～3 次，挤干泡沫塑料，置于已准确装有 5.0 ml 解脱液的 10 ml 比色管中，用玻璃棒挤压泡沫塑料至无气泡，盖紧，置于沸水浴中，解脱 20 min，趁热用铁钩取出泡沫塑料，待溶液冷却至室温摇匀，上机测定。测定前配制 200 g/L 的抗坏血酸溶液作基体改进剂。

（二）工作曲线

为了得到更理想的分析结果，选用空白、有证标准物质 GBW 07401、GBW 07403、GBW 07405 和 GBW 07407 绘制工作曲线。测定时同时加入抗坏血酸基体改进剂。

第七节　土壤和沉积物中铀的激光荧光法测定

一、适用范围

本方法规定了测定土壤中铀的激光荧光法。方法检出限可达 0.5 mg/kg。

二、试剂

（1）HNO_3、HCl、$HClO_4$、HF 等试剂均为优级纯。

（2）测铀混合液：抗干扰荧光增强剂-氢氧化钠溶液。

（3）测铀工作液：量取 25 ml 7%盐酸溶液，移入 1 000 ml 容量瓶中，再用测铀混合液稀释至刻度，摇匀。

（4）铀标准储备液：500 mg/L。

三、仪器

激光铀分析仪。

四、分析步骤

（一）试样制备

使用四酸消解法。

（二）校准曲线

使用微量移液器分取一定量的铀标准溶液，加入预先盛有 4.8 ml 测铀工作液和 0.2 ml 7% HCl 盐酸样品空白液的 10 ml 烧杯中，摇匀，配制含铀 0～2.00 μg/L 浓度范围的校准曲线。上机测得荧光强度（F）以及透过被测溶液的激光强度（I），来校正干扰的内滤效果后得荧光强度（F_{CO}）。

（三）试样测试

用微量移液器移取 200 μl 样品于预先盛有 4.8 ml 测铀工作液，以下同校准曲线。

五、结果计算

校正干扰的内滤效果后得荧光强度（F_{CO}）计算见公式（5.2）。

$$F_{CO}=(F\times\frac{I_O}{I})-F_O \tag{5.2}$$

式中：F_{CO}——校正干扰内滤效应后的绝对荧光强度；

F——被测溶液的荧光强度；

F_O——7%盐酸样品空白液荧光强度；

I_O——透过标准溶液的激光强度；

I——透过被测溶液的激光强度。

用 F_{CO} 以线性回归求出溶液中的浓度 C_1 求得样品中含铀量 C_X。

$$C_X=C_1\times\frac{n}{1\,000}$$

式中：n——样器的总稀释倍数。

第八节　土壤和沉积物中碘的质谱法测定

一、适用范围

本方法适用于土壤和沉积物样品中痕量碘的测定。其检出限为 0.22 mg/kg。

二、原理

样品经 Na_2CO_3 和 ZnO 混合试剂半溶，水提取后，用阳离子交换树脂去除绝大部分的阳离子，使溶液中总的含盐量小于 1 g/L，电感耦合等离子体质谱定量测定碘的含量。

三、试剂

混合试剂：Na_2CO_3（优级纯）和 ZnO（分析纯）以 3∶2 的质量比充分混合。

无水乙醇：分析纯。

HCl：（1+9）分析纯。

抗坏血酸溶液：100 g/L。

标准溶液 ρ(I)=100 mg/L：准确称取于 400～500℃灼烧、冷却后的 KI 0.065 4 g 溶于水，定容至 500 ml。

标准工作溶液 ρ(I)=10 mg/L：分取标准溶液 50 ml 稀释至 500 ml，装于塑料瓶中。

四、仪器

ICP-MS 仪器，具计算机控制系统。

五、测定质量数选择

仪器工作条件见表 5.15。

表 5.15　ICP-MS 仪器主要工作参数

工作参数	设定值
功率/W	1 200
冷却气流量/（L/min）	13.0
辅助气流量/（L/min）	0.70
雾化气流量/（L/min）	0.85
测量方式	跳峰
扫描次数	60
延迟时间/s	20
每个质量通道数	3
数据采集时间/s	29
样品间隔冲洗时间/s	12

六、分析步骤

标准曲线配制：用 10 mg/L 的碘标准工作溶液配制成 0 μg/L、10 μg/L、20 μg/L、50 μg/L 系列标准工作溶液，装于塑料瓶中。

七、样品处理

准确称取 0.5 g 样品于洗净的瓷坩埚中，加入混合试剂 3 g，充分混匀，并覆盖一层混合试剂约 0.5 g，置于马弗炉中从低温升至 650℃，并保持 60 min，取出冷却。置于洗净的 150 ml 烧杯中，加无水乙醇 3～4 滴，加热水约 50 ml，于电热板上加热提取、冷却，洗出坩埚，转移定容至 100 ml。

分取部分溶液（约 30 ml）于装有 40 ml 预先活化好的 732 型阳离子交换树脂的交换柱中，用塑料瓶承接，加一滴抗坏血酸溶液摇匀即可。交换柱用 50 ml HCl 活化，再用水洗至中性，抽去死体积中的水分备用。

八、测定

（1）开启仪器，调整仪器呈最佳状态；

（2）建立测定方法，包括质量数、曲线、样品信息等参数的设置；

（3）先进行曲线测定，再进行样品测定。

九、结果表述

$$w(\mathrm{I})=\rho\times 100\times 10^{-3}/W\ (\mu g/g)$$

式中：ρ——样品中 I 的质量浓度，μg/L；

W——样品的质量，g。

第六章　土壤有机项目测定分析技术

第一节　土壤有机氯农药分析方法

一、适用范围

本方法适用于环境土壤、沉积物和固体废弃物中有机氯农药含量的测定，仪器检出限范围为 0.5～1.0 μg/kg。

二、方法原理

土壤样品经处理后采用加速溶剂萃取（ASE）提取，凝胶渗透净化仪（GPC）净化，气相色谱/质谱法（GC/MS）对样品中有机氯农药进行分析，采用保留时间定性分析，特征选择离子的峰面积进行定量分析。

三、仪器与试剂

（一）仪器

气相色谱/质谱仪，加速溶剂萃取仪，全自动凝胶渗透净化仪。

（二）试剂与材料

农残级二氯甲烷、正己烷、丙酮；分析纯无水硫酸钠、硅藻土。
脱水小柱，样品瓶。

（三）标准物质

采用国家环境标准物质研究中心提供的有机氯农药标准物质或国外同类标准。

四、样品的采集、保存与预处理

（一）采样准备工作

用于样品采集的器械、材料、试剂等必须被净化处理过，空白浓度不得对检测结果有影响。

（二）样品的采集和保存

采用木铲、铁铲等工具采集样品，将在一个采样单元内各采样分点采集的土样混合均匀制成混合样，四分法弃取后，留下 1～2 kg，装入广口棕色玻璃采样瓶中于 4℃以下避光保存。

（三）样品预处理

土样经冷冻干燥后，挑除树皮、草根、石子等杂物，碾磨，过筛，存放于棕色玻璃瓶中，于 4℃以下避光保存以备用。

五、分析步骤

（一）仪器分析条件

1．色谱条件

色谱柱：HP-5MS（30 m×0.25 mm×0.25 μm）；
无分流进样；进样口温度 280℃；
程序升温：80℃（1 min），5℃/min；250℃（2 min），10℃/min；300℃，5 min；
流速：1.0 ml/min。

2．质谱条件

EI 源，电子能量 70 eV；离子源温度：230℃；四极杆温度，150℃；传输线温度：150℃；选择离子扫描（SIM），有机氯农药特征选择离子见表 6.1。

表 6.1　有机氯农药类特征离子表

目标化合物	Rt/min	定量离子	参考离子 2
α-六六六	19.176	181	183
β-六六六	20.333	181	183
γ-六六六	20.533	181	183
δ-六六六	21.578	181	183
p,p′-DDE	28.675	246	248
p,p′-DDD	30.210	235	237
o,p′-DDT	30.299	235	237
p,p′-DDT	31.545	235	237

（二）样品萃取、净化

样品经预处理后，参照美国 EPA 3545 方法进行加速溶剂萃取提取有机物，提取液参照美国 EPA 3640 方法经凝胶渗透色谱进行净化。

取处理后的土壤样品 1～10 g 与一定量的硅藻土混合均匀后装入萃取池，上机（ASE200），使用二氯甲烷-丙酮溶液（体积比为 1∶1）萃取，萃取液经无水硫酸钠小柱脱水、GPC 净化，GPC 在线浓缩系统自动浓缩定容后，等待 GC/MS 进样。

（三）标准曲线的绘制

样品采用外标法进行定量。标准系列浓度分别 0.01 mg/L、0.05 mg/L、0.1 mg/L、0.2 mg/L、0.5 mg/L、1.0 mg/L，直接进入 GC/MS 分析，得到标准曲线。

六、质量保证和质量控制

（一）空白分析

每批样品（小于 20 个样品）加入一个或两个实验室空白（采用硅藻土为样品）进行分析，空白样品中如有目标化合物检出，需从结果中扣除空白值。

（二）平行样

每批样品（约 10 个样品）加入一个平行实验，进样平行比例大于 10%。

（三）加标回收率测定

土壤样品以硅藻土代替，加标量分高、中、低三个浓度（至少做一个浓度）进行，平行实验各为 6 个，按照分析步骤进行提取、净化、浓缩分析，测定样品的加标回收率，加标回收率应在 60%～130%，并计算其相对标准偏差（RSD，%）。

也可取 1 份实际样品，同时作样品分析和加标样品分析，得到回收率结果，加标回收率应在 60%～130%之间。

（四）检出限

方法检出限以空白加标实验的低浓度为参考，并逐级稀释，按分析步骤处理后测定并计算其检出限（信噪比 S/N≥3 为定性，信噪比 S/N≥10 为定量）。

七、数据处理与计算

采用保留时间对有机氯农药进行定性，峰面积进行定量。

$$C=\frac{(A-A_0)\times D}{A_S}$$

式中：C——样品浓度，μg/kg；

A——目标物定量离子峰面积；

A_0——空白样品中目标物定量离子峰面积；

A_s——目标物标准样样品定量离子峰面积；

D——稀释因子。

八、测定操作的注意事项

（一）玻璃器皿预处理

所有使用容器均以铬酸洗液浸泡过夜后清水冲洗纯水润洗后置于 110℃烘箱中烘烤 2 h 以上。

（二）仪器分析

要确定本仪器的最佳分析条件，以保证最大灵敏度和稳定性。

（三）样品净化

由于土壤中硫的存在会对有机氯的检测产生干扰，因此必须对提取液进行除硫。

第二节　土壤中邻苯二甲酸酯类的分析方法

一、适用范围

本方法适用于环境土壤、沉积物和固体废弃物中邻苯二甲酸酯类含量的测定，仪器检出限范围为 0.5～2 μg/kg。

二、方法原理

土壤样品经处理后采用加速溶剂萃取（ASE）提取，凝胶渗透净化仪（GPC）净化，气相色谱/质谱法（GC/MS）对样品中邻苯二甲酸酯类进行分析，采用保留时间定性分析，特征选择离子的峰面积进行定量分析。

三、仪器与试剂

（一）仪器

气相色谱/质谱仪；加速溶剂萃取仪、全自动凝胶渗透净化仪。

（二）试剂与材料

（1）农残级二氯甲烷、正己烷、丙酮；
（2）分析纯无水硫酸钠、硅藻土；
（3）脱水小柱，样品瓶。

（三）标准物质

采用国家环境标准物质研究中心提供的邻苯二甲酸酯类标准物质或国外同类标准。

四、样品的采集、保存与预处理

（一）采样准备工作

用于样品采集的器械、材料、试剂等必须被净化处理过，空白浓度不得对检测结果有影响。

（二）样品的采集和保存

采用木铲、铁铲等采用工具采集样品，将在一个采样单元内各采样分点采集的土样混合均匀制成混合样，四分法弃取后，留下 1～2 kg，装入广口棕色玻璃采样瓶中于 4℃以下避光保存。

（三）样品预处理

土样经冷冻干燥后，挑除树皮、草根、石子等杂物，碾磨，过筛，存放于棕色玻璃瓶中，于 4℃以下避光保存以备用。

五、分析步骤

（一）仪器分析条件

1．色谱条件

色谱柱：HP-5MS（30 m×0.25 mm×0.25 μm）；

无分流进样；进样口温度 260℃；

程序升温：80℃（1 min），20℃/min；280℃，5 min；

流速：1.0 ml/min。

2．质谱条件

EI 源，电子能量 70 eV；

离子源温度：230℃；

四极杆温度：150℃；

传输线温度：150℃；

选择离子扫描（SIM），邻苯二甲酸酯类特征选择离子见表 6.2。

表 6.2　邻苯二甲酸酯类特征离子表

目标化合物	定量离子	参考离子 1	参考离子 2
邻苯二甲酸二甲酯	163	194	164
邻苯二甲酸二乙酯	149	177	150
邻苯二甲酸二丁酯	149	223	—
邻苯二甲酸二丁基苄基酯	149	201	91
邻苯二甲酸双（二乙基己基）酯	149	167	279
邻苯二甲酸二正辛酯	149	167	—

（二）样品萃取、净化

样品经预处理后，参照美国 EPA 3545 方法进行加速溶剂萃取提取有机物，提取液参照美国 EPA 3640 方法经凝胶渗透色谱进行净化。

取处理后的土壤样品 1～10 g 与一定量的硅藻土混合均匀后装入萃取池，上机（ASE200），使用二氯甲烷-丙酮溶液（体积比为 1∶1）萃取，萃取液经无水硫酸钠小柱脱水、GPC 净化，GPC 在线浓缩系统自动浓缩定容后，等待 GC/MS 进样。

（三）标准曲线的绘制

样品采用外标法进行定量。标准系列浓度分别为 0.01 mg/L、0.05 mg/L、0.1 mg/L、0.5 mg/L、1.0 mg/L，直接进入 GC/MS 分析，得到标准曲线。

六、质量保证和质量控制

（一）空白分析

每批样品（小于 20 个样品）加入一个或两个实验室空白（采用硅藻土为样品）进行分析，空白样品中如有目标化合物检出，需从结果中扣除空白值。

（二）平行样

每批样品（约 10 个样品）加入一个平行实验，进样平行比例大于 10%。

（三）加标回收率测定

土壤样品以硅藻土代替，加标量分高、中、低三个浓度（至少做一个浓度）进行，平行实验各为 6 个，按照分析步骤进行提取、净化、浓缩分析，测定样品的加标回收率，加标回收率应在 60%～130%之间，并计算其相对标准偏差（RSD，%）。

也可取 1 份实际样品，同时作样品分析和加标样品分析，得到回收率结果，加标回收率应在 60%～130%之间。

（四）检出限

方法检出限以空白加标实验的低浓度为参考，并逐级稀释，按分析步骤处理后测定并计算其检出限（信噪比 S/N≥3 为定性，信噪比 S/N≥10 为定量）。

七、数据处理与计算

采用保留时间对酞酸酯进行定性，用峰面积对其进行定量。

$$C = \frac{(A - A_0) \times D}{A_S}$$

式中：C——样品浓度，μg/kg；

A——目标物定量离子峰面积；

A_0——空白样品中目标物定量离子峰面积；

A_s——目标物标准样样品定量离子峰面积；

D——稀释因子。

八、测定操作的注意事项

（一）玻璃器皿预处理

本分析方法中使用的试剂、溶剂类、器皿类来源的污染，操作过程中以及空气来源的污染都会对邻苯二甲酸酯类的分析结果产生极大的影响，因此，必须十分注意。在采样及测试过程中一定要避免使用塑料制品，另外，为了避免操作中以及空气中来源的污染，包括试剂、溶剂类、器皿类的管理方面，有必要使用洁净室进行分析操作。如没有洁净室，必须将与空气的接触量、接触时间尽量缩短。

（二）仪器分析

要确定本仪器的最佳分析条件，以保证最大灵敏度和稳定性。

第三节　土壤中多环芳烃类分析方法

一、适用范围

本方法适用于环境土壤、沉积物和固体废弃物中多环芳烃含量的测定，仪器检出限为1.0 μg/kg。

二、方法原理

土壤样品经处理后采用加速溶剂萃取（ASE）提取，凝胶渗透净化仪（GPC）净化，气相色谱/质谱法（GC/MS）对样品中多环芳烃类进行分析，采用保留时间定性分析，采用特征选择离子的峰面积进行定量分析。

三、仪器与试剂

（一）仪器

气相色谱/质谱仪、加速溶剂萃取仪、凝胶渗透净化仪。

（二）试剂与材料

农残级二氯甲烷、正己烷、丙酮；分析纯无水硫酸钠、硅藻土；脱水小柱，样品瓶。

（三）标准物质

采用国家环境标准物质研究中心提供的多环芳烃类标准物质或国外同类标准。

四、样品的采集、保存与预处理

（一）采样准备工作

用于样品采集的器械、材料、试剂等必须被净化处理过，空白浓度不得对检测结果有影响。

（二）样品的采集和保存

采用木铲、铁铲等工具采集样品，将在一个采样单元内各采样分点采集的土样混合均匀制成混合样，四分法弃取后，留下 1～2 kg，装入广口棕色玻璃采样瓶中于 4℃以下避光保存。

（三）样品预处理

土样经冷冻干燥后，挑除树皮、草根、石子等杂物，碾磨，过筛，存放于棕色玻璃瓶中，于 4℃以下避光保存以备用。

五、分析步骤

（一）仪器分析条件

1．色谱条件

色谱柱：HP-5MS（30 m×0.25 mm×0.25μm）；

无分流进样；进样口温度：280℃；

程序升温：80℃保持 2 min，以 15℃/min 速度升温至 230℃，保持 1 min，以 4℃/min 的速度升温至 260℃，保持 2 min，最后以 10℃/min 升温至 290℃保持 5 min；

流速：1.0 ml/min。

2．质谱条件

EI 源，电子能量 70 eV；

离子源温度：230℃；

四极杆温度：150℃；

传输线温度：150℃；

选择离子扫描（SIM），多环芳烃类特征选择离子见表 6.3。

表 6.3　多环芳烃类特征离子表

目标化合物	定量离子	参考离子 1	参考离子 2
萘	128	129	127
苊烯	152	151	153
苊	154	153	152
芴	166	165	167

目标化合物	定量离子	参考离子 1	参考离子 2
菲	178	179	176
蒽	178	176	179
荧蒽	202	200	203
芘	202	101	203
苯并[*a*]蒽	228	229	226
䓛	228	229	226
苯并[*b*]荧蒽	252	253	125
苯并[*k*]荧蒽	252	253	125
苯并[*a*]芘	252	253	125
苯并[*g,h,i*]苝	276	138	277
二苯并[*a,h*]蒽	278	139	279
茚[1,2,3-*c,d*]芘	276	138	277

（二）样品萃取、净化

样品经预处理后，参照美国 EPA 3545 方法进行加速溶剂萃取提取有机物，提取液参照美国 EPA 3640 方法经凝胶渗透色谱进行净化。

取处理后的土壤样品 1～10 g 与一定量的硅藻土混合均匀后装入萃取池，上机（ASE200），使用二氯甲烷-丙酮溶液（体积比为 1∶1）萃取，萃取液经无水硫酸钠小柱脱水、GPC 净化，GPC 在线浓缩系统自动浓缩定容后，等待 GC/MS 进样。

（三）标准曲线的绘制

样品采用外标法进行定量。标准系列浓度分别为 0.01 mg/L、0.05 mg/L、0.1 mg/L、0.5 mg/L、1.0 mg/L，2.0 mg/L，直接进入 GC/MS 分析，得到标准曲线。

六、质量保证和质量控制

（一）空白分析

每批样品（少于 20 个样品）加入一个或两个实验室空白（采用硅藻土为样品）进行分析，空白样品中如有目标化合物检出，需从结果中扣除空白值。

（二）平行样

每批样品（约 10 个样品）加入一个平行实验，进样平行比例大于 10%。

（三）加标回收率测定

土壤样品以硅藻土代替，加标量分高中低三个浓度（至少做一个浓度）进行，平行实验各为 6 个，按照分析步骤进行提取、净化、浓缩分析，测定样品的加标回收率，加标回收率应在 60%～130%之间，并计算其相对标准偏差（RSD，%）。

也可取 1 份实际样品，同时作样品分析和加标样品分析，得到回收率结果，加标回收率应在 60%～130%之间。

（四）检出限

方法检出限以空白加标实验的低浓度为参考，并逐级稀释，按分析步骤处理后测定并计算其检出限（信噪比 S/N≥3 为定性，信噪比 S/N≥10 为定量）。

七、数据处理与计算

采用保留时间对多环芳烃进行定性，峰面积进行定量。

$$C = \frac{(A - A_0) \times D}{A_S}$$

式中：C——样品浓度，μg/kg；

A——目标物定量离子峰面积；

A_0——空白样品中目标物定量离子峰面积；

A_s——目标物标准样样品定量离子峰面积；

D——稀释因子。

八、测定操作的注意事项

（一）玻璃器皿预处理

所有使用容器均以铬酸洗液浸泡过夜后清水冲洗纯水润洗后置于 110℃烘箱中烘烤 2 h 以上。

（二）仪器分析

要确定本仪器的最佳分析条件，以保证最大灵敏度和稳定性。

第四节　土壤中石油类分析方法

一、适用范围

本方法适用于土壤样品中石油类的测定。

二、方法摘要

（1）受石油污染的土壤（或底质），常用氯仿提取，挥发去氯仿，于 60℃恒重后即得氯仿提取物。能反映有机污染状况。

（2）氯仿提取物用热乙醇-氢氧化钾液处理，使有机酸、腐殖酸、油脂等皂化后，以石油醚萃取。其非皂化物进入石油醚层，如果需测非皂化物总量，则赶去石油醚后称重。

也可用非分散红外光度法于 3.4 μm 波长处测定吸光度。

（3）在红外分光光度法中，石油类被定义为经四氯化碳萃取而不被硅酸镁吸附，在波数为 2 930 cm^{-1}、2 960 cm^{-1} 和 3 030 cm^{-1} 处全部或部分谱带处有特征吸附的物质。

三、干扰

（1）非分散红外光度法具有一定的选择性，所有含甲基、亚甲基的有机物都将引起干扰。对动、植物性油脂以及脂肪酸物质引起的干扰，可采用预分离方法去除，但要加以说明。

（2）当萃取液中石油类正构烷烃、异构烷烃和芳香烃的比例含量与标准油差别较大时，非分散红外光度法测定误差也比较大，需采用红外分光光度法测定。

四、仪器和设备

（1）分析天平。

（2）恒温箱。

（3）恒温水浴埚。

（4）分液漏斗。

（5）干燥器。

（6）非分散红外测油仪：能在 2 930 cm^{-1}（3.4 μm）的近红外区进行操作、测定。

（7）红外分光光度计：能在 2 700～3 200 cm^{-1} 之间进行扫描操作，并配有适当光程的带盖石英比色皿。

（8）玻璃层析柱，内径 10 mm，长约 200 mm。

五、试剂

（1）氯仿。

（2）0.5 mol/L 氢氧化钾-乙醇液：称取 28 g 氢氧化钾，用少量水溶解后，以 95%乙醇定容至 1 000 ml。

（3）石油醚：将石油醚（30～60℃）重蒸馏，取 40～42℃馏分。

（4）无水硫酸钠：在高温炉内 300℃加热 2 h，冷却后装入磨口玻璃瓶中，于干燥器内保存。

（5）标准油品：15 号机油或 20 号重柴油。

（6）油的标准贮备液：准确称取 100.0 mg 15 号机油或 20 号重柴油，用四氯化碳溶解并在棕色容量瓶中定容至 100 ml，摇匀。此液含油为 1 mg/ml，置于冰箱中保存备用。

（7）油的标准使用液：准确吸取 1.00 ml 油标准贮备液，再用四氯化碳稀释定容为 10 ml，摇匀。此溶液含油为 100 μg/ml。

（8）四氯化碳：重蒸馏。

（9）硅酸镁：60～100 目，取硅酸镁于瓷蒸发皿中，置高温炉内 500℃加热 2 h，在炉内冷却至 200℃后，移入干燥器中冷却至室温，于磨口玻璃瓶内保存。使用时，称取适量的干燥硅酸镁于磨口玻璃瓶中，根据干燥硅酸镁的重量，按硅酸镁占 6%的比例加适量的蒸馏水，密塞并充分振荡数分钟，放置 12 h 后使用。

六、样品的采集、保存和处理

土壤样品的采集参照土壤监测技术规范。

七、步骤

（一）提取

（1）氯仿提取物：准确称取通过 0.25 mm 筛孔土样 25 g，置于带塞磨口锥形瓶中，加 50 ml 氯仿，加盖，轻轻振摇 1～2 min；放置过夜。次日，将锥形瓶置于 50～55℃水浴上热浸 1 h（开始时注意打开盖放两次气）；取下锥形瓶过滤，滤液接收于已知重量的 100 ml 烧杯中。土样再用氯仿热浸两次，每次使用氯仿约 25 ml，在水浴上加热半小时。每次浸提液分别流入烧杯中。然后把烧杯放在通风橱中 55～58℃水浴上，通氮气或通风浓缩至干，擦去外壁水汽，置于 60～70℃烘箱中 4 h，取出于干燥器中冷却半小时后称重，增加的重量即为氯仿提取物。

（2）非皂化物：如果需要测定非皂化物，向氯仿提取物加入 50 ml 0.5N 氢氧化钾-乙醇液，盖上表面皿，于 65～75℃水浴上皂化水解 1 h，并不时搅拌。皂化完毕取下烧杯，将皂化液转移到 250 ml 分液漏斗中，用 50 ml 水、50 ml 石油醚分别洗烧杯，洗液并入分液漏斗中。加塞，振摇 1～2 min（开始时注意排气 2～3 次）静置分离，下层水相再用 25 ml 石油醚提取 1 次，合并两次石油醚提取液，用水洗 2～3 次，每次加水 50 ml。振摇 1 min（注意放气）。萃取物作非皂化物总量测定。

（二）测定

1．重量法测定非皂化物总量

将以上石油醚萃取物放入盛有 15 g 无水硫酸钠的具塞磨口锥形瓶中，加塞轻轻摇动，放置片刻后，滤入已知重量的烧杯中，于通风橱中在 40～42℃水浴上通氮气或通风浓缩至干，擦去外壁水气，置于 60～70℃烘箱中烘 4 h，取出于干燥器中冷却半小时后称重。增加的重量即为非皂化物。

$$\text{氯仿提取物即总烃量（mg/kg）}=\frac{W}{M}\times 1\,000$$

$$\text{非皂化物（mg/kg）}=\frac{W}{M}\times 1\,000$$

式中：W——氯仿提取物或非皂化物重量，mg；

M——土样重量，g。

2．红外分光光度法测定

（1）试液制备

将皂化后的石油醚萃取液在通风橱中于 40～42℃水浴上通氮气或通风浓缩至干，于 65～70℃烘箱中烘半小时，冷却后加 25 ml 四氯化碳溶解。

（2）吸附净化

1）吸附柱法：将玻璃层析柱出口处填塞少量用四氯化碳溶剂浸泡并晾干的玻璃棉。将处理好的硅酸镁缓缓倒入层析柱中，边倒边轻轻敲打，填充高度为 80 cm。之后使试液经过吸附柱，弃去前约 5 ml 的滤出液，余下部分接入玻璃瓶用于测定石油类。

2）振荡吸附法：只适合于通过吸附柱后测定结果基本一致的条件下使用。本法适于大批量样品的测量。称取 3 g 硅酸镁吸附剂，倒入 50 ml 磨口三角瓶，加入试液，密封塞。将三角瓶置于振荡器上，以大于 200 次/min 的速度连续振荡 20 min，之后经玻璃砂芯漏斗过滤。滤出液接入玻璃瓶用于测定石油类。

（3）测定

标准曲线的绘制：吸取标准油使用液 0.00 ml、0.50 ml、1.00 ml、1.50 ml、2.00 ml、2.50 ml，用四氯化碳稀释至 25 ml，摇匀，即为 0.0 μg/ml、2.0 μg/ml、4.0 μg/ml、6.0 μg/ml、8.0 μg/ml、10 μg/ml 的系列标准液，使用适当光程的比色皿，从 2 700～3 200 cm^{-1} 进行扫描，在扫描区域画一直线做基线，测量在 2 930 cm^{-1} 处的最大吸收峰值，并用吸光度减去该点基点的吸光度。以标准油使用液的吸光度为纵坐标，浓度为横坐标，绘制校准曲线。

样品测定，按标准曲线绘制方法测定经硅酸镁柱净化后试液，从标准曲线上查得石油类物质含量。

3．非分散红外测油仪测定

（1）试液制备：同红外分光光度法。

（2）吸附净化：同红外分光光度法。

（3）测定：按照仪器规定调整校正仪器，根据仪器的测量步骤，测定经硅酸镁柱净化后试液中石油类的含量。

第五节 土壤中挥发性有机化合物分析方法

一、吹扫捕集-气相色谱-质谱法（GC-MS）

（一）适用范围

（1）本方法测定的目标化合物包括二氯甲烷、四氯化碳、1,2-二氯乙烷、1,1-二氯乙烯、顺-1,2-二氯乙烯、1,1,1-三氯乙烷、1,1,2-三氯乙烷、三氯乙烯、四氯乙烯、1,3-二氯丙烯、苯、氯仿、反-1,2-二氯乙烯、1,2-二氯丙烷、*p*-二氯苯、甲苯、二甲苯。

（2）另外，通过选择适当的 GC/MS 选择离子检测方式中的监测离子，本方法还可以用于 1,2-二溴-3-氯丙烷、苯乙烯、正丁基苯、二溴氯甲烷、溴仿、乙苯、丙苯、3-氯丙烯、氯乙烷、氯乙烯、二氯甲烷、二氯丙二烯、环戊烷、1,1-二氯乙烷、二溴氯甲烷、二溴甲烷、1,1,1,2-四氯乙烷、1,1,2,2-四氯乙烷、1,2,3-三氯丙烷、1,3-丁二烯、一溴一氯甲烷、一溴二氯甲烷、1-溴丙烷、2-溴丙烷、正己烷、甲基叔丁基醚、一氯苯、丙烯酸甲酯、丙烯酸乙酯、丙烯酸丁酯、异丙烯、异丙苯、氧氯丙烯、苄基氯、1-辛烯、氯乙酸乙酯、对-氯甲苯、乙酸乙烯酯、氧丙烯、1,2-二乙苯、1,3-二乙苯、1,4-二乙苯、1,2-二氯苯、1,3-二氯苯、1,2,3-三氯苯、1,2,4-三氯苯、1,3,5-三氯苯、二硫化碳、六氯丁二烯、五氯乙烷等化合物的测定。

（3）各目标化合物检测限如表 6.4 所示。

表 6.4　目标化合物的检出限

分析项目	化合物	检出限/（μg/kg）
挥发性有机物（VOC）	二氯甲烷	1
	四氯化碳	1
	1,2-二氯乙烷	1
	1,1-二氯乙烯	1
	顺-1,2-二氯乙烯	1
	1,1,1-三氯乙烷	1
	1,1,2-三氯乙烷	1
	三氯乙烯	1
	四氯乙烯	1
	1,3-二氯丙烯	1
	苯	1
	氯仿	1
	反-1,2-二氯乙烯	1
	1,2-二氯丙烷	1
	对-二氯苯	1
	甲苯	1
	二甲苯	1
	1,2-二溴-3-氯丙烷（DBCP）	1
	苯乙烯	1
	正-丁基苯	1

（二）方法摘要

（1）土壤样品经甲醇萃取后，其中一部分用纯水稀释，通入高纯氦气或氮气等惰性气体，使样品中挥发性有机物进入气相并被捕集管捕集，捕集管经加热将目标化合物脱附出，再经低温聚焦，引入到气相色谱-质谱仪中进行测定。

（2）由于挥发性有机物在操作过程中易挥发，必要时需要加入稳定同位素的替代物或其他合适的替代物，并根据 GC-MS 测定选择最佳离子。另外，如果所选用的目标化合物的定量或定性离子的质量数与替代物的质谱图中的离子有重复，需要确认二者的色谱峰是否完全分离。

（3）如果没有低温聚焦系统，目标化合物被捕集后，加热捕集管并直接引入到 GC-MS 仪中。

（4）如果灵敏度能够达到要求，也可以使用全扫描测定。

（三）试剂和标准溶液

1．纯水

矿泉水或纯净水，使用前必须经空白实验确认在目标化合物的保留时间区间内没有干扰色谱峰出现。如果需要纯化，按照下述步骤进行：取 1～3 L 水放入到三角烧瓶中，加热并煮沸，直至液体体积降至原体积的 1/3。将三角烧瓶直接放置在没有污染的场所冷却。也可以采用活性炭柱色谱纯化水。

2．甲醇

农药残留分析纯级或色谱纯级均可，但必须确认在目标化合物的保留时间区间内没有干扰色谱峰出现。由于甲醇开封后，会受到实验室的室内空气污染，必须放在未受污染的场所中保存。

3．混合标准贮备液（各 1 mg/ml）

使用购买的商品混合标准贮备液，存放在安培瓶中，保存在阴暗处。

4．混合标准溶液（各 10 μg/ml）

100 ml 容量瓶中加入少量甲醇，加入 1 ml 混合标准贮备液（加入过程中注意不要产生气泡），用甲醇定容至刻度，使用时配制。

5．内标标准贮备液（1 mg/ml）

使用商品氟代苯、4-溴氟苯标准溶液。

6．内标标准溶液（10 μg/ml）

100 ml 容量瓶中加入 50～90 ml 甲醇，加入 1 ml 内标标准贮备液（1 mg/ml），用甲醇定容至刻度，使用时配制。

如果需要在实验室配制标准贮备液（1 mg/ml）（替代物溶液（0.1 mg/ml））时，依照下述方法进行：在 100 ml 容量瓶中加入 30～50 ml 甲醇，准确称量各标准化合物 100 mg（各替代物 10 mg），用甲醇定容至刻度，配制成混合标准贮备液，各化合物浓度为 1 mg/ml（替代物标准贮备液各化合物浓度为 0.1 mg/ml）。

在使用时配制混合标准贮备液和内标贮备液。但是，须将配制好的标准贮备液直接放入到液氮中冷却后，在液氮或者甲醇和干冰的冷冻液中边冷却边转移至安培瓶中，熔封后在阴暗处可以保存 1～3 个月。

7．氦气

使用 99.999%以上纯度氦气。

8．氮气

使用纯度 99.999%以上纯度的氮气。

9．冷却剂

液氮或液态二氧化碳。

（四）仪器和设备

1．萃取用器皿和设备

（1）离心管

容量为 50 ml 的具塞玻璃离心管，洗干净后再用水冲洗，最后用甲醇洗涤，干燥。在约 105℃的烘箱中加热 3 h，转入无污染的场所冷却。之后盖紧瓶盖，在无污染的场所中保存。

（2）离心机

转速可达 3 000 r/min 的离心机，最好是可以控制温度（约 15℃以下）。

2．制备空白水的器皿

烧瓶：用于制备蒸馏水的烧瓶。

3．配制标准溶液的器皿

容量瓶、移液管、滴管：洗干净后再用甲醇洗涤。

4．天平

准确称量至 0.01 g。

5．气密注射器（5～25 ml）

6．微量注射针（1～100 μL）

使用的气密注射器和微量注射器，最好分别分成空白实验用、低浓度测定用和高浓度测定用三只，另外需要确认气密注射器和微量注射器的准确度和精度。

7．吹扫捕集装置

（1）吹扫瓶：可以容纳 0.5～25 ml 样品的玻璃容器。使用前用水洗涤之后，在（105±2）℃下加热约 3 h，放置在干燥器中冷却。

（2）吹扫瓶恒温装置：能够使吹扫瓶温度保持在 20～40℃。

（3）捕集用管：内径 0.5～5 mm、长 50～300 mm 的石英玻璃管、不锈钢管或内部经钝化的不锈钢管。

（4）捕集管中的填充剂：2,6-二苯基-1,4-二苯氧基聚合物（粒径 177～250 μm 或 250～500 μm）、硅胶（粒径 250～500 μm）及活性炭（粒径 250～500 μm），或其他性能相同的物质。

2,6-二苯基-1,4-二苯氧基聚合物为商品又被称为 Tenax GC、Tenax TA 等；作为填充剂的还有 VOCARB3000 等活性炭系列的物质。所有填充剂都应当通过回收率实验确认其回收率良好。

（5）捕集管：将填充剂填入捕集管中，使用前先以 20～40 ml/min 流速通入氦气，同时在老化温度下加热 30～60 min。

（6）捕集管加热装置：吹扫时捕集管在 20～40℃保温，之后在 1 min 内迅速加热至 180～280℃，并在脱附温度下保持约 4 min，使捕集管中富集的挥发性有机物迅速脱附。

（7）吹扫气体：氦气或氮气，流量调节在 20～60 ml/min 的范围内。

（8）低温聚焦装置：内径 0.32～0.53 mm 的石英玻璃管或毛细管柱，在低温聚焦时可以冷却至–30℃以下。脱附时在 1 min 内可以加热到进样口温度或 200℃。有些吹扫捕集装置省去了低温聚焦部分。

8．气相色谱-质谱仪

（1）气相色谱仪（GC）

色谱柱：内径约 0.2～0.7 mm、长约 25～120 m 熔融石英毛细管柱，固定相为苯基甲基聚硅氧烷（或二甲基聚硅氧烷），液膜厚度 0.1～3 μm。另外，具有同等分离度的色谱柱也可以使用。

载气：纯度 99.999%以上的高纯氦气。

柱箱：温度控制范围为 50～350℃，可以根据目标化合物选定最佳升温程序。

（2）质谱仪（MS）

离子化方式：电子轰击离子化法（EI 法）。

离子检出方式：选择离子检测（SIM），可以在定量范围内调节灵敏度。

离子源温度：根据仪器设定最佳温度。

电子加速电压：70 V

测定质量数：参见表 6.5。

表 6.5 目标化合物的测定质量数

化合物	测定质量数	替代物	测定质量数
二氯甲烷	84，86		
四氯化碳	117，119	四氯化碳-$^{37}Cl_4$	125，127
1,2-二氯乙烷	62，64	1,2-二氯乙烷-d_4	66，68
1,1-二氯乙烯	96，61		
顺-1,2-二氯乙烯	96、61		
1,1,1-三氯乙烷	97，99		
1,1,2-三氯乙烷	97、99	1,1,2-三氯乙烷-d_3 102	100
三氯乙烯	130、132		
四氯乙烯	166、164		
1,3-二氯丙烯	75、110		
苯	78、77	苯-d_6	84、83
氯仿	83、85		
反-1,2-二氯乙烯	96、61		
1,2-二氯丙烷	63、76		
对-二氯苯	146、148		
甲苯	92、91	甲苯-d_8	100、99
苯乙烯	106、91		
氟苯	96、70		
对-溴氟苯	174、95		

（五）样品前处理

（1）用于挥发性有机物测定的土壤样品采集是与其他测定项目用样品的采集分开单独进行。

（2）如果上述采集的样品含水较高时，准确称取 20 g 土壤湿样放入到离心管中，在 3 000 r/min 下离心 20 min，弃去上层水。一般土壤直接进行下一步的操作。

（3）离心后的土壤样品中加入 10 ml 甲醇，超声波萃取 10 min，在 3 000 r/min 下离心 10 min，上层液相全部转移至容量瓶中，离心管中再加入 10 ml 甲醇，超声萃取 10 min 也放入容量瓶中。该过程中最好加入合适的替代物，替代物的加入量应与单位重量样品中加入的内标量相当。

（4）再加入 10 ml 甲醇在 3 000 r/min 下离心 10 min，上层液相同样转移至容量瓶中，用甲醇定容至刻度（25～50 ml），作为样品溶液。

（5）吹扫瓶中按照水与样品溶液体积比 9.8∶0.2 的比例，加入 4.9～49 ml 水，并缓慢加入 0.1～1 ml 的样品溶液（注意不要产生气泡）和内标溶液，作为测定溶液。或者事先在容量瓶中加入容量瓶总体积 90%的水，按照水与样品溶液体积比 9.8∶0.2 的比例，缓慢加入样品溶液，之后用水定容至刻度。在不产生气泡的前提下混合该水溶液，之后取其中 5～50 ml 静静地转移至吹扫瓶中。GC/MS 测定时需注意甲醇的影响。内标的添加量应与目标化合物的浓度、测定条件等相适应。

（六）测定步骤

1. 吹扫捕集条件

参照吹扫捕集装置的操作说明进行操作。使用没有低温聚焦的装置，当目标化合物在捕集管中捕集后，加热捕集管，直接引入到 GC-MS 中。吹扫捕集的最佳条件下使用的吸附剂的种类、填充量等会有不同。因此，样品分析前应当找到最佳回收率的条件。注意在选定的吹扫条件下捕集管不会发生容量穿透。作为捕集管的示例，室温下捕集时可使用 Tenax TA、硅胶以及活性炭三层充填的捕集管，–20℃左右捕集时可以使用 Tenax TA。

设定吹扫捕集的分析条件，举例如下，仅作参考。

（1）吹扫时间：10 min。

（2）吹扫温度：室温。

（3）干吹时间：4 min。

（4）捕集温度：–150℃。

（5）捕集管加热时间：2 min。

（6）捕集管加热温度：220℃。

（7）进样时间：3 min。

（8）进样温度：220℃。

（9）捕集管烘烤时间：20 min。

（10）捕集管烘烤温度：260℃。

2. GC-MS 分析条件设定和仪器调谐

设定 GC-MS 的分析条件。举例如下，仅作参考。

（1）气相色谱（GC）

1）色谱柱：苯基甲基聚硅氧烷，内径 0.25 mm，长 60 m，液相膜厚 1.0 μm（AQUATIC、DB-1、DB-1301、DB-624、DB-WAX、VOCOL 等）；

2）色谱柱温：40℃保持 7 min，以 5℃/min 速度上升至 180℃，再以 15℃/min 速度升温至 250℃；

3）进样口温度：180℃；

4）进样方式：低温聚焦；

5）载气：氦气（25 psi）。

（2）质谱（MS）

1）离子化方式：E1 法；

2）电子加速电压：70 V；

3）离子源温度：255℃；

4）检测方式：SIM 方式。

导入用于 MS 质量校准的标准物质（PFTBA 或 PFK），根据 MS 质量校准的谱图等校正质量和分辨率，进行仪器灵敏度检查。质量校准结果与测定结果同时保存。调整灵敏度使得各 VOC 的测定灵敏度能够达到 0.5 ng 以下。

3．校准曲线

（1）在 0 ml、0.2～10 ml 的范围内取混合标准溶液（10 μg/ml）5～6 份，分别加入到 10 ml 容量瓶中，用甲醇定容至刻度，配制成校准用标准溶液。在吹扫瓶中加入与本章（五）之 1 项的测定溶液相同体积的水，再加入 1 μL 校准用标准溶液和 1 μL 内标溶液，按照本章（六）之 4 项中（3）～（8）操作进行实验。

（2）GC-MS 中引入的样品量应当在校准曲线的中间范围，求出各测定目标化合物的定量离子和定性离子的强度比，确认各浓度的强度比是否一致。比较待测定的目标化合物的强度比与校准曲线中间浓度的强度比，如果在 90%～110%的范围以外，需要重新测定该浓度的校准用标准溶液。

（3）求出各挥发性有机物的峰强度与内标峰强度比值，以各 VOC 的量（ng）对该比值作图，得到校准曲线。样品测定时制作校准曲线。

4．样品测定

（1）调节吹扫气流速为 20～40 ml/min，吹扫装置中的空气用吹扫气置换完全。

（2）调节吹扫气流速为 20～40 ml/min，加热捕集管至捕集管上限温度以下，并保持 30 min。

（3）将装有测定溶液的吹扫瓶放入到吹扫瓶恒温槽中，保持样品温度一定（例如 20℃或 40℃以下）。

（4）确认捕集管的温度为室温，以吹扫气吹扫测定溶液同时，被吹扫出的 VOCs 被捕集管捕集。

（5）低温聚焦装置预先降温（例如−50℃或−120℃），捕集管加热装置的温度在 1 min 之内快速升温（如至 180℃或 280℃）、通载气约 4 min，将捕集管中的 VOCs 脱附出来，在低温聚焦装置处聚焦。

（6）加热低温聚焦装置，VOCs 被载气带入到 GC-MS 中。记录选择离子谱图。

（7）确认样品中 VOCs 和内标的保留时间与制作校准曲线时记录的 VOCs 和内标的保留时间是否一致，读取各目标化合物相应保留时间处的离子强度（峰高或峰面积）。

（8）准备下一个样品，按照本部分（1）和（2）的操作步骤，老化再生捕集管。

（9）作为空白实验，使用与测定溶液相同体积的水，按照水与甲醇体积比 9.8∶0.2 的比例，配制空白样品，进行本部分（3）～（7）的操作。如果在制作标准校准曲线时记录的 VOCs 和内标的保留时间位置上检出色谱峰，并且该峰的强度在定量限以上时，应当再进行一次空白实验，同时修正样品的离子强度。在准备下一个样品的同时，按照本部分（1）

和（2）的操作，老化和再生捕集管。

5. 定量和计算

由目标化合物与内标的峰面积比，根据校准曲线求出样品中 VOCs 的检出量。再由样品重量、样品含水率（%），依照下式计算样品中 VOCs 的浓度。

$$\text{VOCs 浓度（μg/kg）=检出量（ng）} \times \frac{\text{样品溶液体积（ml）}}{\text{加入到吹扫瓶中的样品溶液体积（ml）}} \times \frac{1}{W}$$

式中：W——土壤样品的重量（换算为干重），g。

二、顶空-气相色谱-质谱（GC-MS）法

（一）适用范围

同吹扫捕集-气相色谱-质谱法。

（二）方法摘要

土壤样品经甲醇萃取，其中一部分经水稀释后作为样品溶液。顶空样品瓶中加入样品溶液和氯化钠，一定温度下经过气液平衡，抽取一定体积的气相物质注射入 GC-MS 中，以选择离子方式检测，测定各选择离子的色谱峰，求出 VOCs 的浓度。

（三）试剂和标准溶液

（1）纯水：同吹扫捕集-气相色谱-质谱法中（三）之 1 项。

（2）氯化钠（特纯）。

10 g 水中加入 3 g 氯化钠，进行空白实验，确认没有干扰物质存在，如果空白实验中检测出 VOCs，应在使用前在 450℃下加热 2～6 h 后，放置在干燥器中冷却，并且尽快使用。

（3）甲醇：同吹扫捕集-气相色谱-质谱法中（三）之 2 项。

（4）混合标准贮备液（各 1 mg/ml）：同吹扫捕集-气相色谱-质谱法中（三）之 3 项。

（5）内标贮备液：同吹扫捕集-气相色谱-质谱法中（三）之 5 项。

（6）内标标准溶液（10 μg/ml）：同吹扫捕集-气相色谱-质谱法中（三）之 6 项。

（7）氦气：同吹扫捕集-气相色谱-质谱法中（三）之 7 项。

（8）氮气：同吹扫捕集-气相色谱-质谱法中（三）之 8 项。

（四）仪器和设备

（1）萃取用器皿和设备

1）离心管：同吹扫捕集-气相色谱-质谱法中（四）之 1 项（1）。

2）离心机：同吹扫捕集-气相色谱-质谱法中（四）之 1 项（2）。

（2）制备空白水的器皿

同吹扫捕集-气相色谱-质谱法中（四）之 2 项。

（3）配制标准溶液的器皿

容量瓶、移液管、滴管：同吹扫捕集-气相色谱-质谱法中（四）之 3 项（1）。

（4）天平：同吹扫捕集-气相色谱-质谱法中（四）之 4 项。

（5）顶空样品瓶：玻璃制样品瓶，加入 10～100 ml 样品后，瓶中剩余 15%～60%的空间。以硅橡胶垫密封，加热时有良好的气密性，使用前用水洗涤后，在（105±2）℃下加热约 3 h，在干燥器中放置冷却。

（6）硅橡胶垫：可使顶空样品瓶密封。

（7）聚四氟乙烯膜：厚度约 50 μm，放在硅橡胶垫和样品瓶口之间，保证样品不与硅橡胶接触。

（8）铝质卡口瓶盖：固定样品瓶和硅橡胶垫。

（9）铝质卡口瓶盖封盖器：使铝质卡口瓶盖盖紧样品瓶的工具。

（10）恒温槽：恒温范围 25～60℃，在设定温度下控温精度达到±0.5℃，在 30～120 min 保持恒温温度。

（11）气密注射器：容量为 20～5 000 μL。

（12）微量注射器：1～5 μL。

（13）气相色谱-质谱仪：同吹扫捕集-气相色谱-质谱法中（四）之 8 项，但是，进样方式和进样口温度有区别。

1）进样方式：分流进样、不分流进样等。进样体积大时，最好采用分流进样。

2）进样口温度：150～250℃。

（五）样品前处理

（1）同吹扫捕集-气相色谱-质谱法中（五）之 1 项至 4 项，制备样品溶液。

（2）顶空样品瓶中加入氯化钠，按照 9.4 ml 水对 0.6 ml 样品溶液的比例，向顶空瓶中加入 9.4～94 ml 的水和 0.6～6 ml 的样品溶液（加入时保证无气泡产生），按照每 10 ml 中加入 1 μl 内标的比例添加内标标准溶液，作为测定溶液。样品瓶口放聚四氟乙烯膜、硅橡胶垫和铝质卡口瓶盖，用封盖器密封顶空样品瓶。

1）氯化钠的加入量应使测定溶液中氯化钠的浓度为 30%左右。

2）或者在容量瓶中加入容量瓶体积的 90%的水，按照 9.4 ml 水兑 0.6 ml 样品溶液的比例，慢慢加入样品溶液，用水定容至刻度。混合后，取其 10～100 ml，加入氯化钠。GC-MS 测定时，甲醇可能会产生影响，请注意。

（六）测定步骤

1. GC/MS 的分析条件设定与仪器调谐

设定 GC/MS 的分析条件，举例如下。

（1）气相色谱（GC）

同吹扫捕集-气相色谱-质谱法。但是进样口温度为 150℃。

（2）质谱仪

同吹扫捕集-气相色谱-质谱法。

2. 校准曲线

（1）在 0 ml、0.2～10 ml 的范围内分取混合标准溶液（10 μg/ml）5～6 份，分别加入到 10 ml 容量瓶中，用甲醇定容至刻度。顶空样品瓶中加入氯化钠，加入与测定溶液相同体积的水，用微量注射器按照 10 ml 液体中加入 1 μl 标准溶液和内标溶液分别加入标准溶液和内标溶液。按照本部分（三）之 3 项（1）至（3）操作进行实验。

（2）GC-MS 中引入的样品量应当在校准曲线的中间范围，求出各测定目标化合物的定量离子和定性离子的强度比，确认各浓度的强度比是否一致。比较待测定的目标化合物的强度比与校准曲线中间浓度的强度比，如果在 90%～110%的范围以外，需要重新测定该浓度的校准用标准溶液。

（3）求出各挥发性有机物的峰强度与内标峰强度比值，以各 VOC 的量（ng）对该比值作图，得到校准曲线。样品测定时制作校准曲线。

3．样品测定

（1）顶空样品瓶中的氯化钠经振动溶解混合后，将恒温槽的温度调节在（25±5）～（60±0.5）℃的范围内，静置加热 30～120 min。

（2）气密注射器穿过硅橡胶垫，抽取一定体积（如 1 000 μl），直接注射到 GC-MS 仪中，记录定量离子和定性离子的选择离子色谱图。

（3）确认样品中 VOCs 和内标的保留时间与制作校准曲线时记录的 VOCs 和内标的保留时间是否一致，读取各目标化合物相应保留时间处的离子强度（峰高或峰面积）。

（4）作为空白实验，使用与测定溶液相同体积（如 10 ml）的水，进行（六）之 3 项（1）至（3）的操作。修正（六）之 3 项（3）样品的离子强度。

4．定量和计算

由目标化合物与内标的峰面积比，根据校准曲线求出样品中 VOCs 的检出量。再由样品重量、样品含水率（%），依照下式计算样品中 VOCs 的浓度。

$$\text{VOCs 浓度（μg/kg）}=\text{检出量（ng）}\times\frac{\text{样品溶液体积（ml）}}{\text{加入到吹扫瓶中的样品溶液体积（ml）}}\times\frac{1}{W}$$

式中：W——土壤样品的重量（换算为干重），g。

（七）其他挥发性有机化合物的测定方法

其他目标化合物的监测离子质量数如表 6.6 所示。

表 6.6 VOCs 选择离子检测质量数

化合物	测定质量数	替代物	测定质量数
1,2-二溴-3-氯丙烷	75、157		
苯乙烯	104、78		
n-丁基苯	134、91		
乙苯	91、106	乙苯-d_{10}	98、116
3-氯丙烯	76、41、78、39		
氯乙烷	64、66	氯乙烷-d_5	69、71
氯乙烯	62、64	氯乙烯-d_3	65、67
一氯甲烷	50、52	一氯甲烷-d_3	53、55
二氯丙二烯	66、132		

化合物	测定质量数	替代物	测定质量数
环戊烷	70、55、42		
1,1-二氯乙烷	63、65、98、83	1,1-二氯乙烷-d_3	66、68、101、83
二溴一氯甲烷	129、127		
二溴甲烷	96、94		
1,1,1,2-四氯乙烷	131、133、95		
1,1,2,2-四氯乙烷	83、85、166、168		
1,2,3-三氯丙烷	110、112、39、77		
1,3-丁二烯	54、53、39		
一溴一氯甲烷	49、128、130		
一溴二氯甲烷	83、85		
1-溴丙烷	122、43、124、39		
2-溴丙烷	122、43、124、39		
正己烷	86、57	正己烷-d_{14}	66、64、100
丙烯酸甲酯	55、85	2,3,3-d_3-丙烯酸甲酯	58、87
丙烯酸乙酯	55、73、99		
丙烯酸丁酯	55、73、85		
异丙烯	53、67、68		
异丙苯	105、120		
氧氯丙烯	49、57	氧氯丙烯-d_5	62
苄基氯	91、126	苄基氯-d_7	98、133
1-辛烯	55、70、83、112		
一氯乙酸乙酯	49、77		
对-氯甲苯	91、126	$^{13}C_6$-对氯甲苯	97、132
乙酸乙烯酯	43、86	$^{13}C_2$-乙酸乙烯酯	88
氧丙烯	57、58	1,2-氧丙烯-d_6	64
1,2-二乙苯	105、119、134		
1,4-二乙苯	105、119、134		
1,3-二乙苯	105、119、134		
1,2-二氯苯	75、111、146、148	1,2-二氯苯-d_4	115、150、152
1,3-二氯苯	75、111、146、148	1,3-二氯苯-d_4	115、150、152
1,2,3-三氯苯	109、145、180、182	1,2,3-三氯苯-d_3	148、183、185
1,2,4-三氯苯	109、145、180、182	1,2,4-三氯苯-d_3	148、183、185
1,3,5-三氯苯	109、145、180、182	1,3,5-三氯苯-d_3	148、183、185
二硫化碳	44、76、78		
六氯丁二烯	190、224、225、260	$^{13}C_4$-六氯-1,3-丁二烯	194、229、264
五氯乙烷	117、119、165、167		

第七章　土壤无机污染物有效态的化学提取分析方法

第一节　概述

一、适用范围

本书推荐的化学提取方法主要适用于监测土壤中上述无机污染物的可溶态浓度，评估土壤污染物对食物链污染的风险及植物毒性。

二、相关定义

（一）土壤

土壤是指地球陆地表面由岩石风化和母质成土过程形成的疏松表层，由固相（包括有机质、无机矿物质等）、气相和液相组成。土壤的本质是具有肥力，是人类和生物赖以生存的物质基础，自然界物质和能量循环的重要一环。土壤的主要功能包括：维持动植物生产、为生物提供生境、生物基因库、蓄水和净化环境等。

（二）土壤类物质

来源于土壤并被人类活动所改变的物质，包括人工混合、堆垫的土壤、疏浚的物质等。

（三）污染物

本书采用基于风险的污染物定义，即：当所关注的化学物质在环境介质中的浓度足以对人体和生态健康产生不可接受的危害时，称其为污染物。化学物质来源包括人为源和自然源，该定义考虑了可接受的风险水平、目前和未来可预见的土地利用方式及暴露场景等。

（四）污染土壤风险评估

本书所指的污染土壤风险评估包括人体健康风险评估和生态风险评估，主要是评估一个区域内或场地内的污染物对人体或生态系统健康造成的影响与损害，以便确定污染事故的风险类型与等级，预测污染事故的影响范围及危害程度，为风险管理提供科学依据和技术支持。

（五）生物有效性

由于土壤污染物的生物有效性与具体的污染物特性，土壤特性，生物生活特性与食性，污染物、土壤组分、生物三者之间的相互作用，暴露途径、时间等因素有关，且不同学科对生物有效性的理解和定义不同，所以至今没有一个被广泛接受的统一的定义。本书采用ISO 11074：2005 土壤质量-词汇（Soil Quality-Vocabulary）中对生物有效性的定义，即土壤污染物的生物有效性是土壤污染物被人体或生态受体吸收或代谢的程度，或土壤污染物与生物体进行交互作用的程度。

（六）生物有效性过程

生物有效性过程包括土壤污染物从土壤到受体作用靶位的全过程，包括：土壤污染物在土壤固相和液相之间的分配、污染物向生物的迁移（合称为环境有效性）、污染物穿过生物膜被生物吸收（环境生物有效性）、污染物在生物体内积累并对生物产生效应（毒理学生物有效性）等。从这个意义上，生物有效性不仅是一个静态的浓度概念，也可以是一个动态的通量或速率概念。

三、土壤无机污染物生物有效性的测定方法

土壤无机污染物的生物有效性可以用两类互补的方法进行测定：

（1）生物学方法：测定土壤污染物的生物学效应，根据所关心的受体，选择人、高等动物、植物、土壤动物和微生物等进行生物测试，可以在分子、细胞、代谢（酶活性或生物指示物）、个体（富集、生长、繁殖率、死亡率等）、种群（密度、多样性）和群落（物种组成）水平进行测定。

（2）化学方法：模拟土壤污染物的环境有效性，包括：①土壤溶液浓度；②基于水、中性盐、稀酸或络合剂的化学提取态；③基于扩散和交换吸附的固相萃取等。

四、土壤无机污染物生物有效性的化学提取测定方法

目前，常用的化学提取方法有很多，如①水提取；②中性盐提取（0.01 mol/L $CaCl_2$，0.1 mol/L $NaNO_3$，1 mol/L NH_4NO_3 等）；③稀酸（稀 HCl 等）；④络合剂（DTPA、EDTA 等）。不同提取方法的原理不同，对不同元素的提取率不同。

本书依据下列原则，选择适宜的提取方法：

（1）提取方法基于物理、化学或生理学原理；

（2）方法的适用范围（如土壤类型、生物或污染物性质等）明确；

（3）方法成熟，操作步骤明确，经过实验室间的比对研究，具有标准参考物质；

（4）经过大量试验数据验证表明该提取方法与生物学方法有较好的相关性；

（5）被政府机构采纳，并具有相关土壤标准；

（6）分析步骤简便，易于推广。

基于上述原则，本书推荐下列 3 种提取方法：

（1）0.1 mol/L $NaNO_3$ 提取：针对 Cd、Cr、Cu、Hg、Ni、Pb、Zn 等重金属，此法为瑞士联邦在其土壤保护法令（OIS）中规定的标准分析方法，并有相应的可提取态含量标准。

（2）稀 HCl 提取：提取剂为 pH 5.8～6.3 的稀盐酸溶液，此法为日本环境省在其土壤环境质量标准中规定的标准分析方法，并有相应的可提取态含量标准。

（3）水提取：提取剂使用电导率为 18.3 MΩ cm^{-1} 的纯水，此法为鲍士旦等编著的《土壤农业化学分析》中的推荐方法。

第二节　土壤重金属有效态化学提取方法

土壤重金属镉、铬、铜、汞、镍、铅、锌等采用 0.1 mol/L $NaNO_3$ 提取法。

一、方法要点

本方法适用于各种类型土壤中 Cd、Cr、Cu、Hg、Ni、Pb 及 Zn 生物（植物）有效态的化学提取分析。

提取剂采用 0.1 mol/L 的 $NaNO_3$ 溶液。除 Hg 外，提取液中其他重金属的浓度可用原子吸收分光光度法进行测定，重金属的浓度低于原子吸收火焰分光光度计法检出限时，可用原子吸收石墨炉法测定。Hg 浓度可用原子荧光分光光度法测定。

测定方法与仪器参数参考 Varian 公司分析方法手册中的 Spectrum AA220 FS 型火焰原子吸收分光光度法及 Spectrum AA220 Z 石墨炉法，其中，石墨炉法测定时，待测液为 0.1% HNO_3。实际操作中，可依据仪器和待测溶液的条件对仪器参数进行修正。

二、试剂

（1）$NaNO_3$，优级纯（所有试剂以统一品牌为好）。

（2）硝酸，优级纯。

（3）电导率为 18.2 MΩ cm^{-1} 的二次去离子水（Millipore 超纯水）。

（4）十种重金属标准贮备溶液，1 000 mg/L。

（5）标准物质 BCR 483，购自欧洲实验标准委员会。

三、主要仪器

（1）石墨炉原子吸收分光光度计。

（2）精确度 0.001 g 的分析天平（0.01 g 的天平将带来很大的误差）。

（3）翻转型振荡机。

（4）离心机（转速 0～4 000 r/min）。

（5）聚乙烯离心管（ml）。

（6）聚乙烯试剂瓶（ml）。

（7）10 ml 塑料注射器。

（8）0.45 μm 微孔滤膜。

四、测定步骤

（一）土样的准备

1．样品的收集与制备

将现场采集的土壤收集到玻璃瓶或无吸附作用的其他容器中，土样运回实验室后，首先剔除土壤中的杂物（砂砾、石块、木棒、杂草、植物残根，昆虫尸体和石块等）和新生体（如锰结核、石灰结核等），并将土壤进行风干处理（注：风干样品最容易处理。此外，风干样品能抑制微生物活动和某些化学变化，称重相对稳定，便于长期储存）。

2．土壤风干

风干土壤时，应在室内将土块打碎，将土壤平铺在垫衬有干净白纸的晾晒板或木板上自然风干，严禁暴晒。当样品达到半干状态时，将大块土打碎，以免结成硬块。风干室力求干燥通风，风干温度 30～35℃。风干时间一般 3～7 天。尽量防止氨、硫化氢、二氧化硫或其他酸、碱气体及灰尘的浸入，在风干过程中，随时拣掉石砾、动植物残体。

3．土壤磨细与过筛

将风干土用木棒压碎，首先需过孔径为 2 mm 尼龙筛，土壤必须经过反复磨碎，过筛，直至仅有少量沙粒方可放弃，对要进行重金属分析的样品应再过 100 目细筛。

4．土壤样品的贮存

将过 2 mm 筛且充分混匀后的样品，装入玻璃广口瓶或塑料袋中，内外各具标签一张，写明编号，采样地点，土壤名称，深度、筛孔数，采样日期和采样人等项目。所有的样品编号都须按编号注册登记。并妥善贮存，避免日光、高温、高湿、高热和有害物质的污染。直至全部分析工作结束，分析结果检查核实无误后，方可放弃。长期性研究的项目土样可长期保存，以便核查或补充其他分析项目之用。

（二）待测液的制备

（1）向 40 g 土中加入 100 ml 0.1 mol/L $NaNO_3$（提取液的水土比应在 8 以上）；

（2）在翻转型振荡机上以 120 r/min 的速度振荡 2 h，温度保持在（20±2）℃；

（3）振荡完毕后，将样品转移至离心管中，于离心机上以 3 000 r/min 离心 10 min；

（4）用注射器吸取上清液过 0.45 μm 滤膜，滤液收集在 100 ml 的聚乙烯试剂瓶中；

（5）滤液用 0.1% HNO_3 酸化，测定前在 4℃下保存。

（三）样品的测试

提取液中重金属可直接用原子吸收分光光度计测定，仪器测定条件见表 7.1。对于低于火焰原子吸收分光光度计检出限的样品可用石墨炉法测定，仪器测定条件见表 7.2。

表 7.1　原子吸收分光光度计测定条件

元素	测定波长/nm	通道宽度/nm	灯电流/mA	最优工作量程/（mg/L）	燃气	火焰性质
Cd	228.8	0.5	4	0.02～3	乙炔	氧化性
Cr	357.9	0.2	7	0.06～15	乙炔	还原性
Cu	324.7	0.5	4	0.03～10	乙炔	氧化性
Ni	232.0	0.2	4	0.1～20	乙炔	氧化性
Pb	217.0	1.0	5	0.1～30	乙炔	氧化性
Zn	213.9	1.0	5	0.01～2	乙炔	氧化性

表 7.2　石墨炉测定条件

元素	Cd	Cr	Cu	Ni	Pb	Zn
测定波长/nm	228.8	357.9	327.4	232.0	283.3	213.9
灯电流/mA	4	7	4	4	5	5
干燥温度/℃	85～120	85～120	85～120	85～120	85～120	85～120
干燥时间/s	55	55	55	55	55	55
最大灰化温度/℃	300	1 100	900	900	600	400
原子化温度/℃	1 800	2 600	2 300	2 400	2 100	1 900
清除温度/℃	1 800	2 600	2 300	2 400	2 100	1 900
原子化阶段是否停气	是	是	是	是	是	是
氩气流量/（L/min）	3.0	3.0	3.0	3.0	3.0	3.0

五、标准曲线

参考表 7.3 分别用 0.1 mol/L $NaNO_3$ 溶液配制至少 5 组浓度的标准液，其浓度范围可根据样品浓度和仪器条件适当调整。用空白（工作曲线中零点的测定值）样品校正后，进行标准样品测定，读取火焰原子吸收法测得的相应浓度下的吸光度，绘制标准曲线。

对于石墨炉法，可参考表 7.4 用 0.1 mol/L $NaNO_3$ 溶液配制 2 组低浓度的标准液（包括空白对照），Spectrum AA220 Z 原子吸收光度计将自动绘制标准曲线。

表 7.3　原子吸收分光光度计标准曲线溶液浓度

元素	标准曲线溶液浓度/（mg/L）				
Cd	0.00	0.10	0.40	0.70	1.00
Cr	0.00	0.10	0.40	0.70	1.00
Cu	0.00	0.10	0.40	0.70	1.00
Ni	0.00	0.10	0.40	0.70	1.00
Pb	0.00	0.10	0.40	0.70	1.00
Zn	0.00	0.15	0.60	1.05	1.50

表 7.4　石墨炉标准曲线溶液浓度

元素	标准曲线溶液浓度/（μg/L）	
Cd	0.00	3.00
Cr	0.00	5.00
Cu	0.00	10.00
Ni	0.00	20.00
Pb	0.00	40.00
Zn	0.00	3.00

六、结果计算

$$W = (c - c_0) \times r / (1 - f)$$

式中：W——土壤中有效态（可提取态）重金属含量，mg/kg；

c——由工作曲线查得的样品浓度，mg/L；

c_0——由工作曲线查得的空白样品浓度，mg/L；

r——水土比，取 2.5，L/kg；

f——土壤含水量，%。

七、允许偏差

按表 7.5 规定。

表 7.5　土壤重金属有效态（可提取态）测定结果允许偏差

测定值/（mg/kg）	允许偏差/（mg/kg）
100～300	5～15
10～100	0.5～5
1～10	0.05～0.5
0.2～1	0.02～0.05
0.1～0.2	0.01～0.02
＜0.1	＜0.01

八、质量控制和质量保证

（1）采用风干土提取时需测定土壤含水量。具体做法是：称 1.00 g 风干土在烘箱中(105±2)℃下烘干 8 h 后，将样品取出置于恒温干燥器中 1 h 称重，然后，将样品重新放回烘箱中（105±2)℃下烘干 1 h，干燥，称重，重复上述过程，直至恒重（恒重的标准为两次称重的结果相差＜0.005 g）。

（2）$NaNO_3$ 试剂为分析纯，试验用硝酸为优级纯，所有溶液和稀释用水均为二次去离子水（Millipore 超纯水，18.2 MΩ/cm）。

（3）所有试验用玻璃和塑料器皿在使用前，需在 10% HNO_3（*v*/*v*）酸缸里浸泡过夜，并用自然水冲洗干净后，用双二次去离子水漂洗 3 次。

（4）可用火焰原子吸收法（FAAS）直接测定，若用 ICP-AES 测定时，需将滤液用 1% HNO_3 以 1∶5（HNO_3∶H_2O）比例稀释，减小对测定结果的干扰。采用外标法定量，标准溶液的酸度保持与样品溶液相同。

（5）测定时，每测定 10～20 个样品进行一次仪器校正，每一个样品测定后，下一个样品测定前，用 1% HNO_3 清洗进样口。

（6）质控用的标准物质（BCR 483）为混有污泥土样，该标样的标准值为 0.1 mol/L $NaNO_3$ 提取态。

第三节　砷和硒生物（植物）有效态的化学提取方法——稀盐酸提取法

一、方法要点

本方法适用于各种类型土壤中有效态砷和硒生物（植物）的化学提取分析。

提取剂为 pH 5.8～6.3 的稀盐酸溶液。提取液中重金属的浓度用原子荧光分光光度法测定。

上机测定方法与仪器参数参考自北京吉天仪器有限公司生产的 AFS 930 仪器配套分析方法手册。实际操作过程中，可依据不同的仪器测定条件对下列参数进行修正。

二、试剂

（1）HCl，优级纯。

（2）电导率为 18.2 MΩ cm^{-1} 的二次去离子水（或 Millipore 超纯水）。

（3）As 和 Se 标准贮备溶液，浓度 1 000 mg/kg（中国市售的标准为 100 mg/kg）。

三、主要仪器

（1）原子荧光分光光度计。

（2）pH 计。

（3）精确度 0.001 g 的分析天平。

（4）翻转型振荡机。

（5）离心机，转速 0～4 000 r/min。

（6）聚乙烯离心管（100 ml）。

（7）聚乙烯试剂瓶（100 ml）。

（8）10 ml 塑料注射器。

（9）0.45 μm 微孔滤膜。

四、测定步骤

（一）土样的准备

样品的收集与制备：将现场采集的土壤收集到玻璃瓶或无吸附作用的其他容器中，土样运回实验室后，首先剔除土壤中的杂物（砂砾、石块、木棒、杂草、植物残根，昆虫尸体和石块等）和新生体（如锰结核、石灰结核等），并将土壤进行风干处理（注：风干样品最容易处理。此外，风干样品能抑制微生物活动和某些化学变化，称重相对稳定，便于长期储存）。

土壤风干：风干土壤时，应在室内将土块打碎，将土壤平铺在垫衬有干净白纸的晾晒板或木板上自然风干，严禁暴晒。当样品达到半干状态时，将大块土打碎，以免结成硬块。风干室力求干燥通风，风干温度 30～35℃。风干时间一般 3～7 天。尽量防止氨、硫化氢、二氧化硫或其他酸、碱气体及灰尘的浸入，在风干过程中，随时拣掉石砾、动植物残体。

土壤磨细与过筛：将风干土用木棒压碎，首先需过孔径为 2 mm 尼龙筛，过筛的土壤必须经过反复磨碎，过筛，直至仅有少量沙粒方可放弃，对进行重金属分析的样品应再过 100 目细筛。

土壤样品的贮存：将过 2 mm 筛且充分混匀后的样品，装入玻璃广口瓶或塑料袋中，内外各具标签一张，写明编号，采样地点，土壤名称，深度、筛孔数，采样日期和采样人等项目。所有的样品编号都须按编号注册登记。并妥善贮存，避免日光、高温、高湿、高热和有害物质的污染。直至全部分析工作结束，分析结果检查核实无误后，方可放弃。长期性研究的项目土样可长期保存，以便核查或补充其他分析项目之用。

（二）待测液的制备

（1）称取 5.0 g 土样于 100 ml 聚乙烯试剂瓶中，加入 50 ml pH 5.8～6.3 的稀盐酸溶液，混匀；

（2）将含有土壤提取液的聚乙烯试剂瓶放置在翻转型振荡机上，以 200 次/min 速度振荡 6 h（20℃常温）；

（3）振荡完毕后，将聚乙烯试剂瓶取下，静置 10～30 min；

（4）将提取液转移到 100 ml 的聚乙烯离心管中，经天平称重平衡后，放置于离心机中，以 3 000 r/min 速度离心 20 min；

（5）将离心后的样品过 0.45 μm 滤膜，将上清液收集在 100 ml 的聚乙烯试剂瓶中。

（三）上机测试

直接用原子荧光分光光度计测定提取液中 As 和 Se，以及 $NaNO_3$ 提取态 Hg，具体条件见表 7.6。

表 7.6　原子荧光分光光度计测定条件

元素	Hg	As	Se
PMT 负高压/V	300	320	340
原子化温度/℃	800	800	900
原子化器高度/mm	10	6.5	6.5
灯电流/mA	40	60	60
载气流速/（ml/min）	500	500	600
屏蔽气流速/（ml/min）	800	1 000	900
还原剂加入时间/s	8.0	8.0	8.0
进样体积/ml	2.0	2.0	2.0
读数时间/s	10.0	10.0	10.0～15.0
延迟时间/s	2.0	2.0	2.0
测定方式	STD	STD	STD
积分方式	峰面积	峰面积	峰面积

五、标准曲线

参考表 7.7 分别用 pH 5.8～6.3 的稀盐酸提取剂配制至少 6 个标准使用液，其浓度范围可根据样品浓度和仪器条件调整。

表 7.7　标准曲线的溶液浓度

元素	标准曲线浓度/（μg/L）					
Hg	0.000	0.100	0.200	0.400	0.800	1.000
As	0.00	1.00	2.00	4.00	8.00	10.00
Se	0.00	1.00	2.00	4.00	8.00	10.00

六、结果计算

$$W=(c-c_0)\times r/(1-f)$$

式中：W——有效态（可提取态）重金属含量，mg/kg；

c——由工作曲线查得的样品中重金属的浓度，mg/L；

c_0——由工作曲线查得的空白样品的浓度，mg/L；

r——水土比，取 10，L/kg；

f——土壤含水量，%。

七、允许偏差

按表 A-4 规定。

八、质量控制和质量保证

（1）采用风干土提取时需测定土壤含水量。具体做法是：称 1.00 g 风干土在烘箱中（105±2）℃下烘干 8 h 后，将样品取出置于恒温干燥器中 1 h 后称重，然后，将样品重新放回烘箱中（105±2）℃下再烘干 1 h，干燥，称重，重复上述过程，直至恒重（恒重的标准为两次称重的结果小于 0.01 g）。

（2）$NaNO_3$ 试剂为分析纯，试验用硝酸为优级纯，所有溶液和稀释用水均为二次去离子水（Millipore 超纯水，18.2 MΩ/cm）。

（3）所有试验用玻璃和塑料器皿在使用前，需在 10% HNO_3（*V*/*V*）酸缸里浸泡过夜，再用自然水冲洗干净，再用二次去离子水漂洗 3 次。

第四节　氟生物（植物）有效态的化学提取方法——水溶液提取法

一、方法要点

本方法适用于各种类型土壤中氟的生物（植物）有效态的化学提取分析。

提取剂采用电导率为 18.2 MΩ/cm 的二次去离子水。提取液中氟的浓度可用氟离子选择电极法进行测定。

二、试剂

（1）NaOH，优级纯。
（2）冰乙酸，分析纯。
（3）柠檬酸钠，分析纯。
（4）电导率为 18.2 MΩ/cm 的二次去离子水（或 Millipore 超纯水）。
（5）氟的标准贮备溶液，1 000 mg/kg。

三、主要仪器

（1）氟离子选择电极。
（2）pH 计。
（3）精确度 0.001 g 的分析天平。
（4）翻转型振荡机。
（5）离子计，0.1 mV。
（6）饱和甘汞电极。
（7）磁力搅拌器。
（8）50 ml 塑料烧杯。
（9）250 ml 聚乙烯试剂瓶。
（10）100 ml 容量瓶。

四、测定步骤

（一）土样的准备

1．样品的收集与制备

将现场采集的土壤收集到玻璃瓶或无吸附作用的其他容器中，土样运回实验室后，首先剔除土壤中的杂物（砂砾、石块、木棒、杂草、植物残根，昆虫尸体和石块等）和新生体（如锰结核、石灰结核等），并将土壤进行风干处理（注：风干样品最容易处理。此外，风干样品能抑制微生物活动和某些化学变化，称重相对稳定，便于长期储存）。

2．土壤风干

风干土壤时，应在室内将土块打碎，将土壤平铺在垫衬有干净白纸的晾晒板或木板上自然风干，严禁暴晒。当样品达到半干状态时，将大块土打碎，以免结成硬块。风干室力求干燥通风，风干温度 30～35℃，风干时间一般 3～7 天。尽量防止氨、硫化氢、二氧化硫或其他酸、碱气体及灰尘的浸入，在风干过程中，随时拣掉石砾、动植物残体。

3．土壤磨细与过筛

将风干土用木棒压碎，首先需过孔径为 2 mm 的尼龙筛，过筛的土壤必须经过反复磨碎，过筛，直至仅有少量沙粒方可放弃，对进行氟分析的样品应再过 100 目细筛。

4．土壤样品的贮存

将过 2 mm 筛且充分混匀后的样品，装入玻璃广口瓶或塑料袋中，内外各具标签一张，写明编号，采样地点，土壤名称，深度、筛孔数，采样日期和采样人等项目。所有的样品编号都须按编号注册登记。并妥善贮存，避免日光、高温、高湿、高热和有害物质的污染。直至全部分析工作结束，分析结果检查核实无误后，方可放弃。长期性研究的项目土样可长期保存，以便核查或补充其他分析项目之用。

（二）试剂的制备

（1）6 mmol/L NaOH 溶液，称取优级纯 NaOH 240 g 溶于水中，稀释至 1 L。

（2）总离子强度缓冲剂（TISAB），称取分析纯冰乙酸 58 ml 和分析纯柠檬酸钠 12 g 于 300 ml 水中，搅拌溶解后，用 6 mmol/L NaOH 溶液调节 pH 至 5.2，冷却后稀释至 1 L。

（三）标准曲线的绘制

（1）取 1 000 mg/L 氟标准贮备液 10.00 ml 于 100 ml 容量瓶中，以水定容，即 100 mg/L 氟标准溶液；

（2）取 5 个 100 ml 容量瓶，分别加入 100 mg/L 氟标准溶液 0.10 ml、0.20 ml、0.50 ml、1.00 ml、2.00 ml，加水定容，配制 0.1 mg/L、0.2 mg/L、0.5 mg/L、1.0 mg/L、2.0 mg/L 系列氟标准溶液；

（3）依次由稀至浓分别吸取系列标准溶液 10.00 ml 于 50 ml 塑料烧杯中，加入总离子缓冲剂 10.00 ml，置于磁力搅拌器上，在 25℃恒温条件下插入氟离子选择电极和饱和甘汞电极；

（4）在磁力搅拌下，观察电位值，待离子计电位值读数稳定后，在继续搅拌下读取电位值 E（mV），以电位值 E（mV）为纵坐标，氟离子浓度的负对数为横坐标，绘制标准曲线。

（四）待测液的制备

（1）称取通过 2 mm 筛（100 目筛）的风干土 1.00 g 于 250 ml 聚乙烯试剂瓶中，加入 50 ml 二次去离子水；

（2）样品于翻转型振荡机上常温（25℃），120 r/min 振荡 30 min 后，静止放置过夜；

（3）吸取上清液 10.00 ml 于 50 ml 塑料烧杯中，加入总离子强度缓冲剂 10.00 ml；

（4）以下同标准曲线绘制的操作步骤。读取电位值（mV），在标准曲线上查得氟含量。

五、结果计算

$$W = c \times r / (1 - f)$$

式中：W——有效态（可提取态）氟含量，mg/kg；

c——由工作曲线查得的浓度，mg/L；

r——水土比，取 10，L/kg；

f——土壤含水量，%。

六、质量控制和质量保证

（1）采用风干土提取时需测定土壤含水量。具体做法是：称 1.00 g 风干土在烘箱中 (105±2)℃下烘干 8 h 后，将样品取出置于恒温干燥器中 1 h 后称重，然后，将样品重新放回烘箱中（105±2)℃下再烘干 1 h，干燥，称重，重复上述过程，直至恒重（恒重的标准为两次称重的结果小于 0.01)。

（2）$NaNO_3$ 试剂为分析纯，试验用硝酸为优级纯，所有溶液和稀释用水均为二次去离子水（Millipore 超纯水，18.2 MΩ cm^{-1}）。

（3）所有试验用玻璃和塑料器皿在使用前，需在 10% HNO_3（v/v）酸缸里浸泡过夜，然后用自然水冲洗干净，再用二次去离子水漂洗 3 次。

（4）氟电极在使用前应在水中浸泡数小时（活化），不能在含氟量较高的溶液中浸泡。应保证氟电极膜表面的清洁，如被污染，可用乙醇轻轻擦洗，再放入纯水中洗净。

（5）绘制标准曲线时，氟浓度由稀至浓，每次测定后电极不必洗至空白值，但测样品时，每次均应将电极洗至空白，再测定下一个样品。

（6）要保证标准溶液和样品的测定温度一致，否则会因温度差异造成测定值差异。

（7）当样品氟浓度不大于 10^{-4} mol/L 时，溶液中活度与浓度近似相等，不需要校正；当浓度不小于 10^{-3} mol/L 时，必须进行活度系数校正。

（8）根据 Nernst 方程，当浓度改变 10 倍，电位只改变 59.16 mV（25℃）。即理论斜率为 59.16，据此可知氟电极的性能。一般实际工作中，电极标准曲线斜率不小于 57 mV 时，即认为该电极性能良好，否则需要查明原因。

第五节　瑞士、日本的无机污染物化学提取态的土壤标准

一、重金属 $NaNO_3$ 提取态的限量标准

瑞士联邦政府关于土壤中无机污染物的指导值，临界值和修复值如下所示。

（一）指导值，临界值和修复值

1. 指导值

指导值见表 7.8。

表 7.8　瑞士土壤环境指导值

污染物	含量（mg/kg 干重，腐殖质含量≤15%；mg/dm^3，腐殖质含量＞15%）	
	总量	可溶态
Cr	50	—
Ni	50	0.2
Cu	40	0.7
Zn	150	0.5
Mo	5	—
Cd	0.8	0.02
Hg	0.5	—
Pb	50	—

2. 临界值

临界值见表 7.9。

表 7.9　瑞士土壤环监临界值

利用方式	含量（mg/kg 干重，腐殖质含量≤15%；mg/dm^3，腐殖质含量＞15%）						采样深度/cm
	Pb		Cd		Cu		
	总量	可溶态	总量	可溶态	总量	可溶态	
食用作物用地	200	—	2	0.02	—	—	0～20
饲料作物用地	200	—	2	0.02	150	0.7	0～20
可能存在直接吸收[①]的用地方式	300	—	10	—	—	—	0～5

注①：可通过口腔摄入，呼吸，皮肤接触进入人体。

3. 修复值

修复值见表 7.10。

表 7.10 瑞士土壤环境修复值

使用分类	含量（mg/kg 干重，腐殖质含量≤15%；mg/dm^3，腐殖质含量＞15%）								采样深度/cm
	Pb		Cd		Cu		Zn		
	总量	可溶态	总量	可溶态	总量	可溶态	总量	可溶态	
农用与园艺用地	2 000	—	30	0.1	1 000	4	2 000	5	0～20
居住和家庭花园	1 000	—	20	0.1	1 000	4	2 000	5	0～20
儿童游戏场地	1 000	—	20	—	—	—	—	—	0～5

（二）污染物含量的测定与评估

（1）指导值主要服务于预防土壤污染的目的，提供一种评价土壤长期肥力的途径。指导值的保护对象包括整个土壤生态系统。

（2）临界值代表可能存在风险的域值，当土壤污染物总浓度或可溶态浓度超过临界值时，需要进行详细调查和评估，以确认是否存在风险。如果不能确定存在风险，场地仍需进行定期监测；如果确定存在风险，则场地利用方式将受到限制。

（3）修复值是绝对的限值，当土壤污染物总浓度或可溶态浓度超过修复值时，必须立即采取必要措施以规避风险。

（4）在特殊情况下，取样深度也可作适当的调整。

（5）土壤样品在 40℃烘干至恒重，样品过 2 mm 筛。以干重计时，土壤样品必须在 105℃烘干至恒重。

（6）提取后，污染物总量或可溶态用表 7.11 所列的步骤进行计算。

表 7.11 污染物总量或可溶态计算步骤

参数	提取介质	土壤与提取液的比例（m/V）
重金属总量	2 mol/L HNO_3	1∶10
可溶态重金属含量	0.1 mol/L $NaNO_3$	1∶2.5
总氟量	熔融的 NaOH	0.5∶200
可溶态氟含量	水提取	1∶50

（7）当土壤腐殖质含量超过 15%时，污染物浓度以容积浓度表示。

二、日本稀盐酸提取态 As 和 Se 的环境标准

日本环境省关于土壤中 As 和 Se 环境标准值的规定如表 7.12 所示。

表 7.12 日本土壤中 As 和 Se 环境标准值

项目	标准值
As	＜0.01 mg/L
Se	＜0.01 mg/L

三、氟土壤标准

瑞士联邦关于土壤氟的总量和可溶态的指导值见表 7.13：

表 7.13　瑞士土壤氟总量和可溶态指导值

污染物	含量（mg/kg 干重，腐殖质含量≤15% mg/dm³，腐殖质含量＞15%）	
	总量	可溶态
氟	700	20

第八章　数据处理与评价

第一节　数据处理方法

一、统计特征参数

（一）大小特征参数

大小特征参数又称位置特征参数，它表示观测值集中趋势的一类参数，常见的大小特征参数包括平均值和中位数等。

1．算术平均值

简称均值，是使用最广的统计量。适合于对称分布数据（如正态分布）。样本和总体的算术均值分别为 $\bar{x}$ 与 μ，其计算式分别为：

$$\bar{x}=\frac{1}{n}\sum x_i$$

$$\mu=\frac{1}{N}\sum x_i$$

式中：x_i 为第 i 个个体的取值，n 和 N 分别代表样本量和总体量。

2．几何平均值

几何平均值适合于数据呈对数正态分布的情况，对数正态分布是自然界中经常遇到的分布类型。样本和总体的几何均值分别为 $\bar{x}_G$ 和 μ_G。

$$x_G=(\prod x_i)^{1/n}=\exp\left[\frac{1}{n}\sum(\ln x_i)\right]$$

$$\mu_G=(\prod x_i)^{1/N}=\exp\left[\frac{1}{N}\sum(\ln x_i)\right]$$

3．中位数

中位数是所有样本中大小居中的那个数。用 M 表示中位数，n 表示样本量。

$$M=x_{0.5(n+1)}\text{（}n\text{ 为奇数）}$$

$$M=\frac{1}{2}(x_{0.5n}+x_{0.5n+1})\text{（}n\text{ 为偶数）}$$

（二）离散特征参数

离散特征，是指个体的聚集或分散程度，或者说它们距离分布中心的远近程度。常用的有平方和、方差、标准差、变异系数、几何标准差和范围等。

1. 平方和

平方和是指观测值与样本算术均值之差平方的求和，记为 SS。平方的结果可以消除负号，从而反映个体与均值间的绝对距离。

$$\mathrm{SS}=\sum(x_i-\bar{x})^2=\sum x_i^2-\frac{1}{n}(\sum x_i)^2$$

2. 方差

方差，有时也将其称为均方，将平方和按样本量平均。总体方差和样本方差分别记为 σ^2 和 S^2。

$$\sigma^2=\frac{1}{N}\sum(x_i-\mu)^2$$

$$S^2=\frac{1}{n-1}\sum(x_i-\bar{x})^2=\frac{\mathrm{SS}}{n-1}$$

3. 标准差

样本和总体的标准差分别记为 S 和 σ。

$$S=\sqrt{\frac{1}{n-1}\sum(x_i-\bar{x})^2}$$

$$\sigma=\sqrt{\frac{1}{N}\sum(x_i-\mu)^2}$$

以上三个统计量在数值上均与观测值的量级有关，因此两个或多个量级不同总体的平方和、方差和标准差没有直接可比性，为了克服这一问题，引入了变异系数。

4. 变异系数

变异系数，又称变差系数，是以百分数表示的经算术均值校正的标准差，无量纲为 1 的统计量。样本和总体的变异系数分别记为 V_{s} 和 V_{p}。

$$V_{\mathrm{s}}=\frac{S}{\bar{x}}\times 100\%$$

$$V_{\mathrm{p}}=\frac{\sigma}{\mu}\times 100\%$$

5. 几何标准差

当个体服从对数正态分布时，需用几何标准差来描述总体或样本的离散特征，样本与总体的几何标准差分别记为 S_{G} 和 σ_{G}。

$$S_{\mathrm{G}}=\exp\sqrt{\frac{1}{n-1}\sum(\ln x_i-\ln x_{\mathrm{G}})^2}$$

$$\sigma_{\mathrm{G}}=\exp\sqrt{\frac{1}{N}\sum(\ln x_i-\ln \mu_{\mathrm{G}})^2}$$

6．范围

范围，又叫极差。当个体不服从正态分布，且又无法进行正态变换时，可以用范围来表示个体分散程度。范围反映了最大与最小观测值之间的距离，记为 R。

$$R = x_{\max} - x_{\min}$$

（三）分布特征参数

偏峰系数与分位数常用来描述总体或样本的分布特征。

1．偏峰系数

总体分布形态的两个重要特征是偏斜度与峰态。

（1）偏斜度

表示分布的拖尾程度，左偏分布的曲线表现为向左侧拖尾，称为左偏态；反之，向右拖尾的分布曲线称为右偏态。

样本和总体的偏度系数分别记为 g_1 和 γ_1。

$$g_1 = \frac{1}{ns^3}\sum (x_i - \overline{x})^3$$

$$\gamma_1 = \frac{1}{ns^4}\sum (x_i - \overline{x})^4 - 3$$

（2）峰态

是指个体在整个分布中间部分的集中程度。中部平坦的分布为低峰态，中部陡峭的分布为尖峰态。

样本和总体的峰态系数分别记为 g_2 和 γ_2。

$$g_2 = \frac{1}{N\sigma^3}\sum (x_i - \mu)^3$$

$$\gamma_2 = \frac{1}{N\sigma^4}\sum (x_i - \mu)^4 - 3$$

2．分位数

当总体或样本中个体的分布呈多峰态时，几乎不能用个别统计量对其分布形态加以概述，唯一能在某种程度上反映其分布特点的统计量就是各种分位数。

分位数，是指将样本分为若干等分的等分位值。其中最常用的是百分位数和四分位数。

百分位数，将样本范围分成 100 等分的 99 个等分位值。也可定义为，在 n 个有序数中，在某数之前和之后的和各占 i%和（$100 - i$）%，该数即为这些数的第 i 个百分位数，记为 x_{pi}。计算前将数据从大到小排列，再进行求解。

$$P_i = 1\%(n+1)$$

如果，计算 P_i 小于 1 或大于 n，那么第 P_i 个百分位数就等于该组数据中的最小值（x_1）或（x_n）。当计算 P_i 值为 1 到 n 的正整数时，上述系列中的第 P_i 数的值即为所求的百分位数。如果 P_i 不是整数，且取值为 1 到 n 之间，记为 P_i 的整数部分为 m，小数部分为 d，则

$$x_{pi} = x_{m+d}(x_{m+1} - x_m)$$

二、数据变换

根据变换目的，可将数据变换分为类型变换、线性变换及分布变换三大类。

（一）类型变换

类型变换是指对研究的变量类型进行转换，一般是由高测量水平的变量向低测量水平进行变换。类型变换方法（由高测量水平的变量向低测量水平变换）可归结为取整、求秩与归类三种（表 8.1）。

表 8.1 各类数据的变换方法

	连续变量	离散变量	顺序变量	多元变量
连续变量	取整	求秩	归类	归类
离散变量	—	求秩	归类	归类
顺序变量	—	—	归类	归类
多元变量	—	—	—	归类

取整是类型变换中最为简单的一种，它只能将连续变量通过取整函数或四舍五入法则转换为离散变量。

求秩是在对连续量或离散量排序的基础上将原始数据转换成各自的序号，即秩。

（二）线性变换

线性变换是指对观测数据进行加减乘除的运算。按照变换后的均值是否为零可分为保序变换和异序变换两大类。

（三）分布变换

分布变换是指对观测样本的分布形态进行变换，最常见的是正态变换（又称正态化），将非正态分布数据转换成正态分布数据。

非正态分布样本的分布形式多种多样，不可能找到适用于任何数据的统一的正态化方法，而且并非任何分布形式的数据都可以正态化。比如，当一组数据呈某种类型的双峰分布时，无论采用什么样的变换方法都不可能将其分布形式正态化。

最常用的正态化方法有对数变换、平方根变换、角变换、Box-cox 幂变换，其适用对象分别为对数正态分布、泊松分布、二项分布及任意的单峰态分布等。

1. 对数变换

只有当样本遵从正态分布时，才能用它做正态化处理。变换公式为：

$$x_i^* = \ln x_i$$

一般对土壤中微量污染物作对数变换。

2．平方根变换

对遵从泊松分布的计数数据（即离散变量）的正态化方法。变换公式为：

$$x_i^* = \sqrt{x_i + 0.5}$$

3．角变换

又称正弦变换，对于一些衍生变量如比率（例）、百分数等一般服从离散的二项分布，则用角变换进行正态化，变换公式为：

$$x_i^* = \arcsin\sqrt{x_i}$$

一般对土壤中有机质含量、颗粒含量等百分数据作角变换。

4．幂变换

在对分布形式不十分清楚的非正态分布数据正态化时，Box-cox 幂变换是一种有效的方法，变换公式为：

$$x_i^* = \frac{x_i^{\lambda} - 1}{\lambda} \tag{a}$$

式中：λ是下列对数似然函数

$$L = -\frac{v^2}{2}\ln(S^2)^* + (\lambda - 1)\frac{v}{n}\sum(\ln x_i)$$

取最大值λ。v为样本自由度（一维数据的$v=n-1$），$(S^2)^*$就是按（a）式变换后的样本方差。此处最佳λ的求取是一个典型的优化问题，任何一维搜索计算机程序都能用来对此问题求解。一般情况下，λ取为整数。若$\lambda=0$，则对数变换进行正态化。

5．数据变换注意事项

（1）原始数据及变换后的数据是否服从正态分布，仍需通过假设检验方法进行判断。

（2）对土壤中常量元素不做变换。

三、异常值的检验

对变换后数据进行异常值检验。

（一）异常值的检验原理

异常值是一个样本中出现概率很小的观测值，又称离群值，即在相同条件下，因某原因造成的显著偏离样本中值的个别数据。

异常值的检验原理是假设检验，它是建立在观测值误差服从随机抽样与正态分布（高斯误差定律）的基础上。即在选定的可靠概率条件下，根据某些检验方法做出某个或某些观测值是否属于异常的判断，可以主观地确定这一最大允许错误的概率为α，用以表示某观测值并非异常，而检验结果将它判断为异常的可能性。

通常取α=0.05，这意味着如果检验结果认为某值是异常，该结论不正确的概率不会大于5%。

（二）异常值的检验程序

样本中异常值的检验通常包括下述步骤。

（1）将观测值从大到小依次排列，两端的最小值 x_1 和最大值 x_n 作为第一轮的检验结果；

（2）根据样本容量大小及其分布特征选择相应的检验方法，并计算 x_1 及 x_n 的检验统计量；

（3）根据事先确定的检验水平α与样本量 n 查验相应的临界值；

（4）将检验统计量与临界值进行比较，由此统计推断出检验结果。如果 x_1 被剔除，依次检验 x_2，x_3…直到某值不为异常时停止；如果 x_n 被剔除，则依次检验 x_{n-1}，x_{n-2}…直到某值不为异常时停止。

（三）异常值的检验方法

常用异常值检验方法为 Grubbs 法，这种方法适用于正态分布样本，所以剔除异常值前数据要经过变换后呈正态分布；Grubbs 法对样本量没有严格要求，需要查临界值附表9。检验统计量 L 计算公式如下：

$$L = \frac{\left| x_k - \overline{x} \right|}{s}$$

查出临界值 $G_{(\alpha,n)}$，如果 $L \geqslant G_{(\alpha,n)}$，则剔除 x_k，否则保留 x_k。

四、分布检验

对观测数据在剔除异常值后可以进行分布检验，但结果不再作数据变换的依据，也不再与异常值剔除联系。

作频数分布图观察是否单峰分布，如果是单峰分布数据，直接用偏度峰度检验；如果不是单峰数据且样本量大于30，用 Lillifors 检验（可用 Kolmogorov 检验替代）；如果样本量不到30，用 Shapiro-Wilk 检验。

正态分布检验是判断一个样本所代表的背景总体与理论正态分布是否没有显著差异检验。它不仅可用于判断原始变量是否服从正态分布，还常常用于检验非正态分布总体经过某种数学变换后是否成为正态分布形式。

（一）偏度-峰态检验

如果观测样本是单峰数据，直接用偏度-峰态检验。偏度-峰态检验是比较科学、严格的正态检验方法，是一种参数检验方法，其实质是分别针对总体偏度系数与峰态系数进行 t 检验的两种独立方法。由于分布的偏斜形式有左偏、右偏两种可能，峰态同样有尖峰、低峰两种状态。因此，偏峰检验也有单侧、双侧之分。

以 g_1 和 g_2 分别表示样本量为 n 的样本的偏度系数与峰态系数计算值，以γ_1、γ_2分别表示其背景总体的偏度系数与峰态系数，则正态分布检验过程见表8.2。

表 8.2 正态分布的偏度-峰态系数检验（α水平）

检验内容		偏度检验		峰态检验	
检验方式		双侧检验	单侧检验	双侧检验	单侧检验
统计假设	H_0	$\gamma_1=0$	$\gamma_1=0$	$\gamma_2=0$	$\gamma_2=0$
	H_A	$\gamma_1\neq 0$	$\gamma_1>0$ 或$\gamma_1<0$	$\gamma_2\neq 0$	$\gamma_2>0$ 或$\gamma_2<0$
检验统计量 T		$\dfrac{\lvert g_1\rvert}{\sqrt{\dfrac{6n(n-1)}{(n-2)(n+1)(n+3)}}}$		$\dfrac{\lvert g_2\rvert}{\sqrt{\dfrac{24n(n-1)}{(n-2)(n+3)(n+5)}}}$	
检验临界值 C^*		$t_{\alpha[n-1]}$	$t_{2\alpha[n-1]}$	$t_{\alpha[n-1]}$	$t_{2\alpha[n-1]}$
统计推断	拒绝 H_0	T＞C	T＞C	T＞C	T＞C
	接受 H_0	T≤C	T≤C	T≤C	T≤C

（二）Lillifors 检验

如果观测样本不是单峰数据，且样本量大于 30，用 Lillifors 检验（Lillifors test for normality）。Lillifors 检验通过对累积频率分布的比较判断样本是否来自正态分布总体。该方法在计算理论正态分布频率时利用样本均值和样本方差，所以采用了专门的临界值表。Lillifors 检验很少作单侧检验，通常作双侧检验。

计算过程如下：

先将样本量为 n 的原始数据：$x_i(i=1,\ \cdots,\ n)$按从小到大顺次排列，并作标准化：$x_i'=\dfrac{(x_i-\bar{x})}{s}$，$(i=1,\cdots,n)$；由于求累计频率时可以将每一观测值分为一组，故对应于每个 x_i' 值，有累计观察频率：$f_i^s=\dfrac{i}{n}(i=1,\ \cdots,\ n)$，相应的累计理论频率可以从《应用数理统计方法》（陶澍，1994）附表 A2 中查到。附表 A2 中列举的数值是对应于标准正态分布曲线下方从 0 到自变量绝对值范围内的面积，对 x_i' 为负者，相应的累计频率为 0.5 减去查出值，反之，则 0.5 加上查出值。

如果将理论累计频率记为：$\acute{f}_i^s(i=1,\ \cdots,\ n)$，那么可以计算两种累计理论频率与累计观察频率之差的绝对值：

$$D_i=\left|\acute{f}_i^s-f_i^s\right|(i=1,\ \cdots,\ n)\text{；}\ D_i'=\left|\acute{f}_i^s-f_{i-1}^s\right|(i=1,\ \cdots,\ n)$$

式中：前者 D_i 是对应于每一 x_i 值的累计观测频率与累计理论频率差，而后者 D_i' 则是累计理论频率与前一个累计观测频率的差值。在计算 D_i' 时，取 $f_0^s=0$。

所有计算差值中的最大值即为检验统计量：

$$D=\max(D_i,\ D_i')$$

如果该值大于或等于检验临界值，即 $D\geqslant D_{\alpha[n]}$，那么样本来自非正态分布。

（三）Kolmogorov 检验

Kolmogorov 检验可用来代替 Lillifors 检验，为总体分布形式的拟合度检验，用离散的类型数据（频数）为基础数据，以观测数据与期望频数之差为判断的基本依据，因此对类别的顺序并不敏感，更不适用于对连续变量进行检验。Kolmogorov 检验利用累积频数而不是频数数据，它将观测结果的累积频数与预期累积频数比较，根据两者最大差异点的差别，再参照有关抽样分布，判断这样的差别是否出自偶然。

Kolmogorov 检验充分利用了数据中的顺序信息，所以对定量的连续量、离散量或顺序量的拟合度检验（不包括正态检验）十分有效。

计算过程如下：

对从小到大顺次排列的样本：$x_i(i=1，\cdots，n)$，以每一观测值为组值将数据分成 n 组。每组的观测频数为 1，据此计算对应于这 n 个组别的累计观测频率：

$$f_i^s=\frac{i}{n}(i=1，\cdots，n)$$

根据特定理论或经验频率分布形式，计算出相应的累计期望频率 $f_i^{\prime s}(i=1，\cdots，n)$。

分别求出每一累计期望频率与对应的累计观测频率之差的绝对值 D_i 以及每一累计期望频率与上一个累计期望频率之差的绝对值 D_i'。计算 D_i' 时，取 $f_0^s=0$。

$$D_i=\left|f_i^{\prime s}-f_i^s\right|(i=1，\cdots，n)；\quad D_i'=\left|f_i^{\prime s}-f_{i-1}^s\right|(i=1，\cdots，n)$$

以上绝对值中的最大值，即累计观测频率与累计期望频率间的极大频率差就是 Kolmogorov 检验的检验统计量，记为 D：

$$D=\max(D_i，D_i')$$

对 D 的显著性检验方法取决于样本量。样本量不大于 100 时，可以直接从《应用数理统计方法》附表 A24 中查得特定显著性水平α下的临界值 $D_{\alpha[n]}$，n 为样本量；如果样本量大于 100，可用下式计算检验临界值：

$$D_{\alpha[n]}=\sqrt{\frac{-\ln(0.5\alpha)}{2n}}$$

当 $D\geqslant D_{\alpha[n]}$，那么样本来不服从特定分布形式的总体。

（四）Shapiro-Wilk 检验

如果样本量不到 30，用 Shapiro-Wilk 检验，它在样本量较小的情况下，可以代替偏度-峰度检验，但其对偏度和峰度以外的非正态化特征也敏感。缺点是不能区分总体对正态分布的偏离表现在什么方面，只是笼统地判断一个样本是否来自正态分布的总体。所以，这种检验不再有单、双侧之分。

1．计算过程

对样本量等于 n 的一个样本，将全体观测值按从小到大次序排列：$x_i(i=1，\cdots，n)$。

对该样本进行 Shapiro-Wilk 检验的第一步是根据样本量 n 从《应用数理统计方法》附

表 A20 中查取 n 个 Shapiro-Wilk 检验系数，记为 $C_{i[n]}$。表中对应于每一特定样本量只列举了一半 $C_{i[n]}$值，其余系数按以下原则确定：

（1）当 n 为偶数时，从表中查到的是：$C_{i[n]}(i=1, \cdots, \frac{n}{2})$

另一半系数为：$C_{i[n]}=-C_{n-i+1[n]}(i=\frac{n}{2}+1, \cdots, n)$

（2）当 n 为奇数时，从表中查到的是：$C_{i[n]}(i=1, \cdots, \frac{n+1}{2}-1)$，其余值为：

$$C_{i[n]}=0\ \ (i=\frac{n}{2}+1),\ \ C_{i[n]}=-C_{n-i+1[n]}(i=\frac{n+1}{2}+1, \cdots, n)$$

Shapiro-Wilk 检验的统计量为：

$$W=\frac{(\sum C_{i[n]}x_i)^2}{\mathrm{SS}}$$

式中：SS 代表样本平方和。

根据样本量 n 以及事先确定的检验显著性水平α，从《应用数理统计方法》附表 A21 中查到检验临界指 $W_{\alpha[n]}$。

当 $W<W_{\alpha[n]}$，则认为 n 个原始数据来自非正态分布总体。

2．分布检验和异常值检验的注意事项

对污染场地微量污染物和其他理化参数数据，考虑到可能发生的高强度污染和数据的高度随机性，不进行分布检验或者异常值剔除。

五、有效数字

0，1，2，3，…这些数码叫数字，一个以上的数字组合构成个数值。在一个数值中每个数字所占位置叫数位，小数点后的第一位叫十分位，以下依次为百分位、千分位……小数点前的第一位叫个位，其前位依次为十位、百位、千位……一个数值中每个数位上的数字都应是有效的，只有末位数字允许是估计数字，但其波动幅度不得大于±1。例如末位数字为 5 时可能是 4 或 6，而其余的各个数字都是可信的数字（定位 0 例外）。

表达一个数值中由几个数字组成的，叫有效数字位数。位数的多少，除了反映量值的大小之外，在分析领域中还反映该数值的准确程度。例如 0.670 5 g 草酸钠，这一数值在量值上为 0.6～0.7 g 之间，在准确程度上，可信数字截取在千分位上的 0，在万分位的数字 5 是可疑的，但其波动范围小于 0.000 2 g。

数码“0”的作用变化较多，一个数值中“0”是否为有效数字，要根据“0”的位置及其前后的数字状况而定。常见的有以下四种情况：①位于非“0”数字之间的“0”，如 2.005、1.025 两个数值中的三个“0”都是有效数字。②位于非“0”数字后面的一切“0”都是有效数字（全整数尾部“0”除外）。如 2.250 0、1.025 0。③前面不具非零数字“0”，如 0.002 5 中的三个“0”都不是有效数字，只起定位作用。④整数中最后的“0”，可以是有效数字，也可以不是。例如用普通天平 1.5 g 试剂，若必须用 mg 表示，则要写成 1 500 mg，此数值中最后两个“0”从表观上是有效数字，但实际上不是，因为粗天平不能达到如此高的准确程度。为了避免误解，可用指数形式表示，上例可记为 1.5×10^3 mg，或记为 1 500 mg±100 mg 这便明白地表示出只有两位有效数字。

六、数值修约

（1）在拟舍弃的数字中，若左边第一个数字小于 5（不包括 5）时则舍去，即拟保留的末位数字不变。

例如，将 14.243 2 修约到保留一位小数：

修约前	修约后
14.243 2	14.2

（2）在拟舍弃的数字中，若左边第一个数字大于 5（不包括 5）时，则进一，即所拟保留的末位数字加一。

例如，将 26.484 3 修约到只保留一位小数：

修约前	修约后
26.484 3	26.5

（3）在拟舍弃的数字中，若左边第一个数字等于 5，其右边的数字并非全部为”0”，则进一；若 5 的右边皆为”0”，拟保留的末位数字若为奇数则进一，若为偶数（包括”0”）则不进。

例如，将下列数值修约到只保留一位小数：

修约前	修约后
0.350 0	0.4
0.450 0	0.4
1.050 0	1.0

（4）所拟舍弃的数字，若为两位以上数字时，不得连续进行多次修约，应根据所拟舍弃数字中左边第一个数字的大小，按上述规定一次修约出结果。

例如，将 15.454 6 修约成整数。

正确的做法是：

修约前	修约后（结果）
15.454 6	15

不正确的做法：

修约前	一次修约	二次修约	三次修约	四次修约（结果）
15.454 6	15.455	15.46	15.5	16

（5）在修约计算过程中对中间结果不必修约，将最终结果修约到预期位数。

第二节　分析评价方法

土壤环境质量评价涉及评价因子、评价标准和评价模式。评价因子数量与项目类型取决于监测的目的和现实的经济和技术条件。评价标准常采用国家土壤环境质量标准、区域土壤背景值或部门（专业）土壤质量标准。评价模式常用污染指数法或者与其有关的评价方法。

一、污染指数评价

（一）单项污染指数

土壤环境质量评价一般以单项污染指数为主，指数小污染轻，指数大污染则重。计算公式如下：

$$P_{ip}=\frac{C_i}{S_{ip}}$$

式中：P_{ip}——土壤中污染物 i 的单项污染指数；

C_i——调查点位土壤中污染物 i 的实测浓度，mg/kg；

S_{ip}——污染物 i 的评价标准，mg/kg，见表 8.3。

表 8.3　土壤环境质量标准值　　单位：mg/kg

项目 ＼ 土壤pH值 ＼ 级别	一级	二级			三级
	自然背景	＜6.5	6.5～7.5	＞7.5	＞6.5
镉 ≤	0.20	0.30	0.30	0.60	1.0
汞 ≤	0.15	0.30	0.50	1.0	1.5
砷 水田	15	30	25	20	30
砷 旱地 ≤	15	40	30	25	40
铜 农田等 ≤	35	50	100	100	400
铜 果园 ≤	—	150	200	200	400
铅 ≤	35	250	300	350	500
铬 水田 ≤	90	250	300	350	400
铬 旱地 ≤	90	150	200	250	300
锌 ≤	100	200	250	300	500
镍 ≤	40	40	50	60	200
六六六 ≤	0.05	0.50			1.0
滴滴涕 ≤	0.05	0.50			1.0

注：①重金属（铬主要是三价）和砷均按元素量计，适用于阳离子交换量＞5 cmol（+）/kg 的土壤，若≤5 cmol（+）/kg，其标准值为表内数值的半数。

②六六六为四种异构体总量，滴滴涕为四种衍生物总量。

③水旱轮作地的土壤环境质量标准，砷采用水田值，铬采用旱地值。

根据 P_{ip} 的大小，可将土壤污染程度划分为五级（见表 8.4）。

表 8.4　土壤污染单项指数评价结果分级

等级	P_{ip}值大小	污染评价
I	$P_{ip} \leq 1$	无污染（清洁）
II	$1 < P_{ip} \leq 2$	轻微污染
III	$2 < P_{ip} \leq 3$	轻度污染
IV	$3 < P_{ip} \leq 5$	中度污染
V	$P_{ip} > 5$	重度污染

（二）综合污染指数

当区域内土壤环境质量作为一个整体与外区域进行比较或与历史资料进行比较时除用单项污染指数外，还常用综合污染指数。

综合污染指数（CPI）包含了土壤元素背景值、土壤元素标准尺度因素和价态效应综合影响。其表达式：

$$\text{CPI} = X \cdot (1 + \text{RPE}) + Y \cdot \text{DDMB}/(Z \cdot \text{DDSB})$$

式中：CPI——综合污染指数；

X、Y——分别为测量值超过标准值和背景值的数目；

RPE——相对污染当量；

DDMB——元素测定浓度偏离背景值的程度；

DDSB——土壤标准偏离背景值的程度；

Z——用作标准元素的数目。

1. 计算相对污染当量（RPE）

$$\text{RPE} = [\sum_{i=1}^{N} (C_i / C_{is})^{1/n}] / N$$

式中：N——测定元素的数目；

C_i——测定元素 i 的浓度；

C_{is}——测定元素 i 的土壤标准值；

n——测定元素 i 的氧化数。

对于变价元素，应考虑价态与毒性的关系，在不同价态共存并同时用于评价时，应在计算中注意高低毒性价态的相互转换，以体现由价态不同所构成的风险差异性。

2. 计算元素测定浓度偏离背景值的程度（DDMB）

$$\text{DDMB} = [\sum_{i=1}^{N} C_i / C_{iB}]^{1/n} / N$$

式中：C_{iB}——元素 i 的背景值；

其余符号同上。

3. 计算土壤标准偏离背景值的程度（DDSB）

$$\text{DDSB} = [\sum_{i=1}^{Z} C_{is} / C_{iB}]^{1/n} / Z$$

式中：Z——用于评价元素的个数，其余符号的意义同上。

用 CPI 评价土壤环境质量指标体系见表 8.5。

表 8.5 综合污染指数（CPI）评价表

X	Y	CPI	评价
0	0	0	背景状态
0	≥1	0＜CPI＜1	未污染状态，数值大小表示偏离背景值相对程度
≥1	≥1	≥1	污染状态，数值越大表示污染程度相对越严重

4. 污染表征

$$ {}_{N}T_{CPI}^{X} \quad (a,b,c,\cdots) $$

式中：X——超过土壤标准的元素数目；

a、b、c 等——超标污染元素的名称；

N——测定元素的数目；

CPI——综合污染指数。

（三）污染累积指数

土壤由于地区背景差异较大，用土壤污染累积指数更能反映土壤的人为污染程度。

土壤污染累积指数=土壤污染物实测值/污染物背景值

二、超标率（倍数）评价

（一）污染物分担率

土壤污染物分担率可评价确定土壤的主要污染项目，污染物分担率由大到小排序，污染物主次也同此序。

土壤污染物分担率（%）=（土壤某项污染指数/各项污染指数之和）×100%

（二）污染超标倍数、样本超标率

土壤污染超标倍数、样本超标率等统计量也能反映土壤的环境状况。

土壤污染超标倍数=（土壤某污染物实测值－某污染物质量标准）/某污染物质量标准

土壤污染样本超标率（%）=（土壤样本超标总数/监测样本总数）×100%

三、内梅罗污染指数评价

$$ \text{内梅罗污染指数}（P_N）=\{[(PI_{均}^{2})+(PI_{最大}^{2})]/2\}^{1/2} $$

式中：$PI_{均}$——平均单项污染指数；

$PI_{最大}$——最大单项污染指数。

内梅罗指数反映了各污染物对土壤的作用，同时突出了高浓度污染物对土壤环境质量的影响，可按内梅罗污染指数，划定污染等级。内梅罗指数土壤污染评价标准见表 8.6。

表 8.6　土壤内梅罗污染指数评价标准

等级	内梅罗污染指数	污染等级
Ⅰ	$P_N \leqslant 0.7$	清洁（安全）
Ⅱ	$0.7 < P_N \leqslant 1.0$	尚清洁（警戒线）
Ⅲ	$1.0 < P_N \leqslant 2.0$	轻度污染
Ⅳ	$2.0 < P_N \leqslant 3.0$	中度污染
Ⅴ	$P_N > 3.0$	重污染

四、背景值及标准偏差评价

用区域土壤环境背景值（x）95%置信度的范围（$x \pm 2s$）来评价：

若土壤某元素监测值 $x_I < x-2s$，则该元素缺乏或属于低背景土壤；

若土壤某元素监测值在 $x \pm 2s$，则该元素含量正常；

若土壤某元素监测值 $x_I > x+2s$，则土壤已受该元素污染，或属于高背景土壤元素含量。

五、土壤污染风险评估

土壤污染风险评估包括健康风险评估和生态风险评估。主要蔬菜基地、无机污染物背景值高于风险评估参考值的区域不适用此评估。

（一）健康风险评估

1. 适用范围

重污染企业及周边地区，工业企业遗留/遗弃场地，固体废弃物集中填埋、堆放、焚烧处理、处置场地及其周边地区，工业（园）区及周边等污染场地适用健康风险评估。

2. 评估方法

土壤污染健康风险评估采用商值法进行单因子评估，其计算公式如下：

$$Q_{i健} = \frac{C_i}{R_{i健}}$$

式中：$Q_{i健}$——土壤污染物 i 的健康风险指数（商值）；

C_i——调查点位土壤中污染物 i 的实测浓度，mg/kg；

$R_{i健}$——污染物 i 的健康风险评估参考值，mg/kg，见表 8.7。

表 8.7 土壤污染健康风险评估参考值　　单位：mg/kg

序号	评估项目	健康风险评估参考值
1	镉	10
2	汞	7.0
3	砷	20
4	铅	140
5	铬	200
6	铜	190
7	锌	200
8	镍	210
9	锰	1 500
10	苯并[a]芘	1.0
11	多氯联苯类（总量）	1.3
12	滴滴涕（总量）	0.7
13	六六六（总量）	1.0

注：滴滴涕总量包括：DDT、DDD 和 DDE；六六六总量包括：α-六六六、β-六六六、γ-六六六和δ-六六六。

3．风险分级

根据 $Q_{i健}$值的大小，可将土壤污染健康风险程度划分为四级，见表 8.8。

表 8.8 土壤污染健康风险评估分级

等级	$Q_{i健}$值大小	风险等级描述
Ⅰ	$Q_{i健} \leqslant 1$	无风险
Ⅱ	$1 < Q_{i健} \leqslant 3$	低风险
Ⅲ	$3 < Q_{i健} \leqslant 6$	中等风险
Ⅳ	$Q_{i健} > 6$	高风险

（二）生态风险评估

1．适用范围

油田、采矿区及周边地区土壤，污灌区土壤，规模化畜禽养殖场周边土壤，大型交通干线两侧土壤等可能受到污染的场地适用生态风险评估。

2．评估方法

土壤污染生态风险评估采用商值法进行单因子评估，其计算公式如下：

$$Q_{i生} = \frac{C_i}{R_{i生}}$$

式中：$Q_{i生}$——土壤污染物 i 的生态风险指数（商值）；

C_i——调查点位土壤中污染物 i 的实测浓度，mg/kg；

$R_{i生}$——污染物 i 的生态风险评估参考值，mg/kg，见表 8.9。

表 8.9 土壤污染生态风险评估参考值 单位：mg/kg

序号	评估项目	生态风险评估参考值
1	镉	0.4
2	汞	0.3
3	砷	18
4	铅	56
5	铬	100
6	铜	100
7	锌	160
8	镍	130
9	锰	4 000
10	苯并[*a*]芘	1.0
11	多氯联苯类（总量）	1.0
12	滴滴涕（总量）	0.1
13	六六六（总量）	0.1

注：滴滴涕总量包括：DDT、DDD 和 DDE；六六六总量包括：α-六六六、β-六六六、γ-六六六和δ-六六六。

3．风险分级

根据 $Q_{i生}$值的大小，可将土壤污染生态风险程度划分为四级，见表 8.10。

表 8.10 土壤污染生态风险评估分级

等级	$Q_{i生}$值大小	风险等级描述
Ⅰ	$Q_{i生} \leqslant 1$	无风险
Ⅱ	$1 < Q_{i生} \leqslant 3$	低风险
Ⅲ	$3 < Q_{i生} \leqslant 6$	中等风险
Ⅳ	$Q_{i生} > 6$	高风险

社会关注的环境热点区域土壤和其他可能造成土壤污染的场地可根据实际情况采用健康风险评估或生态风险评估方法。

第九章　质量保证与质量控制

第一节　概述

一、目的

质量保证（Quality Assurance，QA）和质量控制（Quality Control，QC）是一项重要的管理工作和技术工作，它要求有科学的实验室管理制度和正确的操作规程以及技术考核措施。

质量保证和质量控制的目的，是为了保证所产生的土壤环境监测资料具有代表性、准确性、精密性、可比性和完整性。

二、基本原则

在土壤环境监测过程中进行质量保证和质量控制，应遵循以下三点基本原则：①科学性与可行性相结合的原则。②全程序与主要控制手段相结合的原则。③前瞻性与现实性相结合的原则。

我们在平时的工作中应立足现有的环境监测技术和装备水平，本着科学的精神提出切实可行的质量保证和质量控制措施，达到科学监测的目的。质量保证与质量控制是土壤测试工作的重要组成部分，涉及土壤环境监测的全部过程，根据监测目的和需要、经济成本和效益，明确监测数据的质量要求；建立相应的质量体系并确保质量体系的有效运行。包括采样与制样，样品储存、流转，样品分析测试（实验室内、间），数据统计处理，结果表征等全程序质量控制。

质量控制、实验室内质量控制、实验室间质量控制、土壤环境监测误差源剖析、测定不确定度等，还应组织人员培训，编制分析方法和各种规章制度等在质量保证方面，应加强相关人员培训及考核，制定相应的规章制度，明确责任到人并设立质量监督员。实验室的全程序质量控制就是要采取有效措施避免可能出现的错误或问题，把监测分析误差控制在容许的限度内，保证测量结果具有一定的精密度和准确度，使分析数据在给定的置信水平内，保证提供的监测数据准确可靠。例如，可以采用平行样、极差控制图等多种手段控制精密度，也可采用加标回收率、控制样品等质控手段来控制准确度。但是，不论哪种质控措施，都必须具备评价精密度和准确度的质控手段。在质量保证与质量控制技术上，要立足于我国现有的土壤环境监测技术规范、土壤环境质量标准以及相应的标准分析方法，又要关注并借鉴发达国家的质量保证及质量控制措施，以全面提高我国土壤环境监测水平。

三、有关技术术语

（1）质量保证：为保证分析结果能够满足规定的质量要求所必需的、有计划的、系统的全面活动。该系统能向有关部门（如政府部门、中国合格评定国家认可委员会）保证实验室所产生的结果能满足规定的质量要求，主要包括质量控制和质量评价两个方面。

质量保证的目的，就是通过采取包括组织、人员培训、质量监督、检查、审核等一系列的活动和措施，对整个分析过程进行质量控制，使分析结果达到预期可信赖的要求。

（2）质量控制：为保证实验室中得到的数据的准确度和精密度落在已知的概率限度内所采取的措施。

质量控制是质量管理的一个组成部分，其目的在于监视过程并排除导致不符合、不满意的原因。

（3）质量控制和质量保证的关系

从质量控制和质量保证的定义可知，两者都是质量管理的组成部分，它们间既有区别又有一定的关联性。质量控制是为了达到规定的质量要求开展的一系列的活动，而质量保证是提供客观证据证实是否已经达到规定的质量要求的各项活动，并取得顾客和其他方的信任，离开了质量控制就谈不上质量保证。

（4）实验室内部的质量控制：又称内部质量控制，它是实验室分析人员对分析质量进行自我控制的常规程序，包括空白试验、标准曲线核实、标准加入试验、密码样品分析及绘制质量控制图。

（5）空白值测定：是指除用纯水替代实际样品外，其他所加试剂和操作步骤均与实际样品测定完全相同的操作过程。空白试验值的大小和重现性，可反映一个实验室的质量保证与分析人员的技术水平。

（6）标准曲线的线性检验：绘制标准曲线所依据的两个变量的线性关系决定着校准曲线的质量和样品测定结果的准确度。用相关系数 r 对标准曲线的线性进行考察，相关系数绝对值 $|r|>0.999$ 为合格。

（7）标准加入试验：在样品中加入已知量的标准物质，测定其回收率。这是确定方法准确度最常用的方法。

（8）密码样品分析：由质量控制组织者将密码样品发给分析人员，测其含量。以考核分析人员的技术水平。密码样品可以是标准物质或含量已知的质量控制样品，也可以是分成若干份的平行样品。

（9）质量控制图：质量控制图是常用的实验室内部质量控制的有效方法，可以用于准确度和精密度的检验。质量控制图有均值控制图、加标回收控制图、均数-极值控制图等。

（10）准确度：是指所获得的分析结果（单次或重复测定的均值）与假定的或公认的真值之间符合程度的度量。它反映分析方法或测量系统存在的系统误差和随机误差的综合指标，反映分析结果的可靠性。一般用相对误差（RE，%）或回收率（%）表示。

（11）精密度：是指反复测定的结果之间的一致性，它反映分析或测量系统存在的随机误差大小。一般用标准偏差（S）和相对校准偏差（变异系数 C_V）表示。

（12）偏差：分析物的测量平均值与参考值之间的差值称为偏差。相比于随机误差，偏差为总的系统误差，是由一个或多个系统误差叠加而成。系统误差与参考值之间的差值愈大，表明偏差愈大。

（13）测量误差值：是表明测量结果偏离真值的差值。

（14）回收率：在样品中加入已知浓度的待测物（可用加标样品或参比材料），经提取分析后得到的待测物含量或百分含量。

（15）测量不确定度：表示被测量之值的分散程度的参数（通常为标准偏差或置信区间），表示在一定置信度内，测量值落在真值的范围。

按照 GB/T 27025—2008 认可和相关体系的要求，实验室应评定测量和测试结果的不确定度，并给出相关的不确定度报告。还要求实验室应建立维护评估测量不确定度有效性的机制。

（16）实验室外部质量控制：主要是检验各实验室是否存在系统误差，提高实验室的分析质量，从而增强各实验室之间分析结果的可比性。

实验室外部质量控制，是在实验室内部质量控制的基础上，由上级部门通过权威中心实验室发放标准参考样品，分发给各实验室。在规定期间内，各实验室采取标准方法或统一方法进行测定，测定结果报中心实验室进行统计处理等并做出评价。这样可发现各实验室的系统误差，提高分析测量水平，使各实验室的监测数据准确可比。

第二节　质量保证和质量控制技术要点

一、人员培训

参加土壤环境监测的人员应进行业务技术培训，熟悉有关环保法规、监测规范、标准及监测方法，掌握监测有关的理论和操作技能，监测人员应经业务考核后持证上岗。培训对象包括参加土壤环境监测工作的全部人员，重点是点位布设人员、现场采样人员、样品制备人员、分析人员和质量管理人员。

二、采样、制样

土壤样品采集点位布设是土壤环境监测工作的首要任务，如何用有限的监测点位和最小的工作量去获得具有足够代表性和精密度的结果，这关系到分析结果和由此得出的结论是否正确的一个先决条件。采样点位布设的方法及样品数量见《土壤环境监测技术规范》（HJ/T 166—2004）中“5 布点与样品数容量”；样品采集及注意事项见“6 样品采集”；样品流转见“7 样品流转”；样品制备见“8 样品制备”；样品保存见“9 样品保存”。

三、实验室内质量控制

（1）方法选定。分析项目确定之后，首先应该对所用方法做出正确的选择。选择正确分析方法是分析测试的核心，每个分析方法各有其特性和适用范围，不适宜的方法所致的影响是严重的。首先，方法选择时应优先选用已经验证的统一分析方法。其次，使用统一分析方法之外的其他方法时，应进行方法验证，无论是国标方法还是其他方法都必须确认方法检出限、精密度、准确度是否满足分析测试要求，验证报告应由上级监测站批准。

（2）全程序空白值测定。每次测定 2 个空白平行样，共测 5 天，根据所选用的公式计算标准偏差。

对于空白试验值的控制，要求平行双样测定结果之间的相对误差不得大于 50%。合格要求根据空白试验值的测定结果，按常用的规定方法计算检测限，该值如高于标准分析方法中的规定值，则应找出原因予以纠正，然后重新测定，直至合格为止。空白试验测定值偏大不仅会导致测定灵敏度降低，而且会造成检出限偏高，测定结果可信度降低。因此，要尽量降低空白值。

（3）方法检出限（MDL）。方法检出限为某特定分析方法在给定的置信度内可以从样品中检出待测物的最小浓度或最小量。所谓“检出”是指定性检出，即判定样品中存在有浓度高于空白的待测物质。

实际样品分析前，必须确认仪器性能对目标化合物的检出限能够达到各标准分析方法的要求。如果实验室使用的仪器性能优于标准方法所规定使用的仪器，能够获得更低的方法检出限，则方法检出限可根据实际而定。如果未达到要求，可适当采取增加样品量或进一步浓缩待测样品体积的方法提高灵敏度。这样的改变可能影响回收率和空白，需要特别谨慎，同时必须在数据报告中记录操作程序调整情况。必要时建立分析方法操作内部规范或作业指导书，给出测量结果的不确定度。

1）空白试验中检测出目标化合物时：按照分析方法的操作步骤重复 5 次空白试验，将各测定结果换算为样品中的浓度，计算标准偏差，按照下式计算最低检出限：

$$\mathrm{MDL} = t_{(n-1,\ 0.95)} \times S$$

式中：$t_{(n-1,\ 0.95)}$为自由度 $n-1$、置信度 95%的 t 值，见表 9.1。

表 9.1 重复次数及其 $t_{(n-1,\ 0.95)}$值

重复次数	$t_{(n-1,\ 0.95)}$
5 次	2.132
6 次	2.015
7 次	1.943

但是，如果空白试验的测定值过高，或变动较大时，无法计算最低检出限。因此，本方法计算的最低检出限是以下述条件为前提的：反复进行空白试验，尽量减小各测定值之间的差异。可允许的差异范围为“空白试验测定值±目标最低检出限的 1/2”以内。

2）空白试验中未检测出目标化合物时：按照定量校准曲线的最低浓度（或者检出限）的 2～5 倍量，向用于空白样品中添加目标化合物，按照样品前处理、样品溶液制备、测定等的操作，求出测定值，并换算为样品中的浓度，由标准偏差（S）按照下式计算出最低检出限。

$$\mathrm{MDL} = t_{(n-1,\ 0.95)} \times S$$

式中：$t_{(n-1,\,0.95)}$为自由度 n–1、置信度 95%（显著性水平 5%）的 t 值，见表 9.1。

（4）精密度控制。①要求每批样品每个项目分析时均须做 20%平行样品；当 5 个样品以下时，平行样不少于 1 个。②测定方式由分析者自行编入的明码平行样，或由质控员在采样现场或实验室编入的密码平行样。③合格要求，平行双样测定结果的误差在允许误差范围之内者为合格。允许误差范围见表 9.2。对未列出允许误差的方法，当样品的均匀性和稳定性较好时，参考表 9.3 的规定。当平行双样测定合格率低于 95%时，除对当批样品重新测定外再增加样品数 10%～20%的平行样，直至平行双样测定合格率大于 95%。

表 9.2 土壤监测平行双样测定值的精密度和准确度允许误差

监测项目	样品含量范围/（mg/kg）	精密度		准确度			适用的分析方法
		室内相对标准偏差/%	室间相对标准偏差/%	加标回收率/%	室内相对误差/%	室间相对误差/%	
镉	＜0.1	±35	±40	75～110	±35	±40	原子吸收光谱法
	0.1～0.4	±30	±35	85～110	±30	±35	
	＞0.4	±25	±30	90～105	±25	±30	
汞	＜0.1	±35	±40	75～110	±35	±40	冷原子吸收法 原子荧光法
	0.1～0.4	±30	±35	85～110	±30	±35	
	＞0.4	±25	±30	90～105	±25	±30	
砷	＜10	±20	±30	85～105	±20	±30	原子荧光法 分光光度法
	10～20	±15	±25	90～105	±15	±25	
	＞20	±15	±20	90～105	±15	±20	
铜	＜20	±20	±30	85～105	±20	±30	原子吸收光谱法
	20～30	±15	±25	90～105	±15	±25	
	＞30	±15	±20	90～105	±15	±20	
铅	＜20	±30	±35	80～110	±30	±35	原子吸收光谱法
	20～40	±25	±30	85～110	±25	±30	
	＞40	±20	±25	90～105	±20	±25	
铬	＜50	±25	±30	85～110	±25	±30	原子吸收光谱法
	50～90	±20	±30	85～110	±20	±30	
	＞90	±15	±25	90～105	±15	±25	
锌	＜50	±25	±30	85～110	±25	±30	原子吸收光谱法
	50～90	±20	±30	85～110	±20	±30	
	＞90	±15	±25	90～105	±15	±25	
镍	＜20	±30	±35	80～110	±30	±35	原子吸收光谱法
	20～40	±25	±30	85～110	±25	±30	
	＞40	±20	±25	90～105	±20	±25	

表 9.3 土壤监测平行双样最大允许相对偏差

含量范围/（mg/kg）	最大允许相对偏差/%
＞100	±5
10～100	±10
1.0～10	±20
0.1～1.0	±25
＜0.1	±30

（5）准确度控制

1）使用标准物质或质控样品。在土壤环境监测的例行分析中，每批要带测质控平行双样，在测定的精密度合格的前提下，质控样测定值必须落在质控样保证值（在 95%的置信水平）范围之内，否则本批结果无效，需重新分析测定。

2）加标回收率的测定。当选测的项目无标准物质或质控样品时，可用加标回收实验来检查测定准确度。

加标率：在一批试样中，随机抽取 10%～20%试样进行加标回收测定。样品数不足 10 个时，适当增加加标比率。每批同类型试样中，加标试样不应小于 1 个。

加标量：加标量视被测组分含量而定，含量高的加入被测组分含量的 0.5～1.0 倍，含量低的加 2～3 倍，但加标后被测组分的总量不得超出方法的测定上限。加标浓度宜高，体积应小，不应超过原试样体积的 1%，否则需进行体积校正。

合格要求：加标回收合格率应在允许范围之内。当加标回收合格率小于 70%时，对不合格者重新进行回收率的测定，并另增加 10%～20%的试样作加标回收率测定，直至总合格率大于或等于 70%以上。

（6）质量控制图绘制。必测项目应作准确度质量控制图，用质控样的保证值 X 与标准偏差 S，在 95%的置信水平，以 X 作为中心线、$X \pm 2S$ 作为上下警告线、$X \pm 3S$ 作为上下控制线的基本数据，绘制准确度质控图，用于分析质量的自控。监控仪器运行的稳定性也可以用标准溶液的检测结果绘制类似的质控图。

每批所带质控样的测定值落在中心附近、上下警告线之内，则表示分析正常，此批样品测定结果可靠；如果测定值落在上下控制线之外，表示分析失控，测定结果不可信，检查原因，纠正后重新测定；如果测定值落在上下警告线和上下控制线之间，虽分析结果可接受，但有失控倾向，应予以注意，采取预防措施。此外，对于落在警告线之内，但有显著定向漂移趋势的质控结果也要及时检查方法和仪器的稳定性。

（7）土壤标准样品。土壤标准样品是直接用土壤样品或模拟土壤样品制得的一种固体物质，具有良好的均匀性、稳定性和长期的可保存性。土壤标准物质可用于分析方法的验证和标准化，校正并标定分析测定仪器，评价测定方法的准确度和测试人员的技术水平，进行质量保证工作，实现各实验室内及实验室间、行业之间、国家之间数据可比性和一致性。

我国已经拥有多种类的土壤标准样品，如 ESS 系列和 GSS 系列等。使用土壤标准样品时，选择合适的标样，使标样的背景结构、组分、含量水平应尽可能与待测样品一致或近似。如果与标样在化学性质和基本组成差异很大，由于基体干扰，用土壤标样作为标定或校正仪器的标准，有可能产生一定的系统误差。

（8）校准曲线的绘制。每种应用校准曲线法的分析方法在初次使用时，可通过绘制校准曲线以确定它的检测上限，并结合检测下限确定其检测范围和测定上限。制校准曲线应注意：①校准曲线一般可根据 4～6 个浓度及其测量信号值绘制。②测量信号值的最小分度应与纵坐标的最小分格相适应，如在光度分析法中，前者的 0.005 吸光度相当于纵坐标的一小格，以使二者的读数精度相当。③浓度的整数值应落在横坐标的中格或大格的粗线上，以便于分小格查阅，并尽量使校准曲线的几何斜率接近于 1（与横轴约呈 45°），以使在两个轴上的读数误差相近。④校准曲线的斜率常因温度、试剂批号等条件的变化而改变。在测定未知样品的同时测绘校准曲线是最理想的。否则，应在测定未知样品的同时，平行测定线性范围内中等浓度标准溶液和空白溶液各两份，取均值相减后，与以前绘制的校准曲线上相同点进行核对，二者的相对差值根据方法精度要求<5%，否则，应重新绘制校准曲线。

（9）校准曲线的相关系数。绘制校准曲线所依据的两个变量的线性关系，决定着校准曲线的质量和样品测定结果的准确度。影响校准曲线线性关系的因素有下列几点：①分析方法本身的精密度。②分析仪器的精密度，包括与分析仪器联用的电源稳压器、记录仪或积分仪以及仪器附件如比色皿等的质量。③量取标准溶液所用量器的准确度，如 10 ml 分度吸管的每毫升分度是否都经过检定。④易挥发溶剂（如萃取反应显色物的有机溶剂）的挥发所造成的比色液体积的变动幅度。⑤分析人员的操作水平等。

为了定量判断校准曲线的线性关系，可用“相关系数”进行考察。如对于用 4～6 个浓度的标准溶液及其测量信号值绘制的校准曲线，根据实践经验，应力求其相关系数的绝对值 $|r| \geq 0.999$。否则，可参照上述影响线性关系的诸因素，找出原因并尽可能加以纠正，重新测定和绘制新的校准曲线。

（10）校准曲线的回归。

1）对于线性关系不好的一系列浓度——信号值，在没有消除其可以纠正的影响因素前，不要采用回归的办法来绘制校准曲线，以免引入较大的系统误差。

2）如采取了各种相应的措施以后，其相关系数仍达不到要求，则所存在的误差，除方法本身的问题以外，常为一些分析中的随机误差。例如分析仪器的性能不好、环境条件的变化等。此时即可应用最小二乘法计算直线回归方程式，再按其计算结果绘制出一条校准曲线。

3）对于成熟的分析方法和熟练的分析人员，如果能细心操作，使一条校准曲线的相关系数绝对值 $|r| \geq 0.999$ 是并不难做到的。在实验条件不变的情况下，校准曲线的斜率一般很稳定，其截距也非常接近于零（如原校准曲线的 $|r| > 0.999$，回归所得截距常为无效数字），从而在实际上常无必要对校准曲线进行回归处理。

（11）监测过程中受到干扰时的处理。检测过程中受到干扰时，按有关处理制度执行。一般要求：①停水、停电、停气等，凡影响到检测质量时，全部样品重新测定。②仪器发生故障时，可用相同等级并能满足检测要求的备用仪器重新测定。③无备用仪器时，将仪器修复，重新检定合格后重测。

四、实验室间质量控制

实验室间质量保证又称外部质量控制，是指由外部的第三者如上级监测机构，对实验室及其分析人员的分析质量，定期或不定期实行考察的过程。

参加实验室间比对和能力验证活动，能确保实验室检测能力和水平，保证出具数据的可靠性和有效性。它一般是采用密码标准样品来进行考察，以确定实验室报出可接受的分析结果的能力，并协助判断是否存在系统误差和检查实验室间数据的可比性。目的是为了检查各实验室是否存在系统误差，找出误差来源，提高实验室的监测分析水平。

五、土壤环境监测误差源剖析

土壤环境监测的误差由采样误差、制样误差和分析误差三部分组成。

（一）采样误差（SE）

（1）基础误差（FE）。由于土壤组成的不均匀性造成土壤监测的基础误差，该误差不能消除，但可通过研磨成小颗粒和混合均匀而减小。

（2）分组和分割误差（GE）。分组和分割误差来自土壤分布不均匀性，它与土壤组成、分组（监测单元）因素和分割（减少样品量）因素有关。

（3）短距不均匀波动误差（CE1）。此误差产生在采样时，由组成和分布不均匀复合而成，其误差呈随机和不连续性。

（4）长距不均匀波动误差（CE2）。此误差有区域趋势（倾向），呈连续和非随机特性。

（5）期间不均匀波动误差（CE3）。此误差呈循环和非随机性质，其绝大部分的影响来自季节性的降水。

（6）连续选择误差（CE）。连续选择误差由短距不均匀波动误差、长距不均匀波动误差和循环误差组成。

$$CE = CE1+CE2+CE3$$

或表示为 $CE=(FE+GE)+CE2+CE3$

（7）增加分界误差（DE）。来自不正确地规定样品体积的边界形状。分界基于土壤沉积或影响土壤质量的污染物的维数，零维为影响土壤的污染物样品全部取样分析（分界误差为零）；一维分界定义为表层样品或减少体积后的表层样品；二维分界定义为上下分层，上下层间有显著差别；三维定义为纵向和横向均有差别。土壤环境采样以一维和二维采集方式为主，即采集土壤的表层样和柱状（剖面）样。三维采集在方法学上是一个难题，可划分监测单元使三维问题转化成二维问题。

（8）增加抽样误差（EE）。由于理念上的增加分界误差的存在，同时实际采样时不能正确地抽样，便产生了增加抽样误差，该误差不是理念上的而是实际的。

（二）制样误差（PE）

来自研磨、筛分和贮存等制样过程中的误差，如样品间的交叉污染、待测组分的挥发损失、组分价态的变化、贮存样品容器对待测组分的吸附等。

（三）分析误差（AE）

此误差来自样品的再处理和实验室的测定误差。在规范管理的实验室内该误差主要是随机误差。

（四）总误差（TE）

综上所述，土壤监测误差可分为采样误差（SE）、制样误差（PE）和分析误差（AE）

三类，通常情况下 SE＞PE＞AE，总误差（TE）可表达为：

$$TE=SE+PE+AE$$

$$或\ TE=(CE+DE+EE)+PE+AE$$

$$即\ TE=[(FE+GE+CE2+CE3)+DE+EE]+PE+AE$$

六、测定不确定度

一般土壤监测对测定不确定度不作要求，但如有必要仍需计算。土壤测定不确定度来源于称样、样品消化（或其他方式前处理）、样品稀释定容、稀释标准及由标准与测定仪器响应的拟合直线。对各个不确定度分量的计算合成得出被测土壤样品中测定组分的标准不确定度和扩展不确定度。测定不确定度的具体过程和方法见国家计量技术规范《测量不确定度评定和表示》(JJF 1059)。

附录一：土壤环境质量标准

土壤环境质量标准（GB 15618—1995）

为贯彻《中华人民共和国环境保护法》，防止土壤污染，保护生态环境，保障农林生产，维护人体健康，制定本标准。

1 主题内容与适用范围

1.1 主题内容

本标准按土壤应用功能、保护目标和土壤主要性质，规定了土壤中污染物的最高允许浓度指标值及相应的监测方法。

1.2 适用范围

本标准适用于农田、蔬菜地、茶园、果园、牧场、林地、自然保护区等地的土壤。

2 术语

2.1 土壤：指地球陆地表面能够生长绿色植物的疏松层。

2.2 土壤阳离子交换量：指带负电荷的土壤胶体，借静电引力而对溶液中的阳离子所吸附的数量，以每千克干土所含全部代换性防离子的厘摩尔（按一价离子计）数表示。

3 土壤环境质量分类和标准分级

3.1 土壤环境质量分类

根据土壤应用功能和保护目标，划分为三类：

Ⅰ类主要适用于国家规定的自然保护区（原有背景重金属含量高的除外）、集中式生活饮用水源地、茶园、牧场和其他保护地区的土壤，土壤质量基本保持自然背景水平。

Ⅱ类主要适用于一般农田、蔬菜地、茶园、果园、牧场等土壤，土壤质量基本上对植物和环境不造成危害和污染。

Ⅲ类主要适用于林地土壤及污染物容量较大的高背景值土壤和矿产附近等地的农田土壤（蔬菜地除外）。土壤质量基本上对植物和环境不造成危害和污染。

表 1 土壤环境质量标准值 单位：mg/kg

项目 \ 土壤pH值 \ 级别		一级	二级			三级
		自然背景	<6.5	6.5～7.5	>7.5	>6.5
镉	≤	0.20	0.30	0.30	0.60	1.0
汞	≤	0.15	0.30	0.50	1.0	1.5
砷 水田		15	30	25	20	30
旱地	≤	15	40	30	25	40
铜 农田等	≤	35	50	100	100	400
果园	≤	—	150	200	200	400
铅	≤	35	250	300	350	500
铬 水田	≤	90	250	300	350	400
旱地	≤	90	150	200	250	300
锌	≤	100	200	250	300	500
镍	≤	40	40	50	60	200
六六六	≤	0.05	0.50			1.0
滴滴涕	≤	0.05	0.50			1.0

注：①重金属（铬主要是三价）和砷均按元素量计，适用于阳离子交换量>5 cmol（+）/kg 的土壤，若≤5 cmol（+）/kg，其标准值为表内数值的半数。

②六六六为四种异构体总量，滴滴涕为四种衍生物总量。

③水旱轮作地的土壤环境质量标准，砷采用水田值，铬采用旱地值。

3.2 标准分级

一级标准为保护区域自然生态，维持自然背景的土壤环境质量的限制值。

二级标准为保障农业生产，维护人体健康的土壤限制值。

三级标准为保障农林业生产和植物正常生长的土壤临界值。

3.3 各类土壤环境质量执行标准的级别规定如下：

Ⅰ类土壤环境质量执行一级标准；

Ⅱ类土壤环境质量执行二级标准；

Ⅲ类土壤环境质量执行三级标准。

4 标准值

本标准规定的三级标准值，见表 1 土壤环境质量标准值。

5 监测

5.1 采样方法：土壤监测方法参照国家环保局的《环境监测分析方法》、《土壤元素的近代分析方法》（中国环境监测总站编的有关章节进行。国家有关方法标准颁布后，按国家标准执行）。

5.2 分析方法按表 2 执行。

表 2　土壤环境质量标准选配分析方法

序号	项目	测定方法	检测范围/（mg/kg）	注释	分析方法来源
1	镉	土样经盐酸-硝酸-高氯酸（或盐酸-硝酸-氢氟酸-高氯酸）消解后， （1）萃取-火焰原子吸收法测定 （2）石墨炉原子吸收分光光度法测定	 0.025 以上 0.005 以上	土壤总镉	①、②
2	汞	土样经硝酸-硫酸-五氧化二钒或硫、硝酸锰酸钾消解后，冷原子吸收法测定	0.004 以上	土壤总汞	①、②
3	砷	（1）土样经硫酸-硝酸-高氯酸消解后，二乙基二硫代氨基甲酸银分光光度法测定 （2）土样经硝酸-盐酸-高氯酸消解后，硼氢化钾-硝酸银分光光度法测定	0.5 以上 0.1 以上	土壤总砷	①、② ②
4	铜	土样经盐酸-硝酸-高氯酸（或盐酸硝酸-氢氟酸-高氯酸）消解后，火焰原子吸收分光光度法测定	1.0 以上	土壤总铜	①、②
5	铅	土样经盐酸-硝酸-氢氟酸-高氯酸消解后 （1）萃取-火焰原子吸收法测定 （2）石墨炉原子吸收分光光度法测定	 0.4 以上 0.06 以上	土壤总铅	②
6	铬	土样经硫酸-硝酸-氢氟酸消解后 （1）高锰酸钾氧化，二苯碳酰二肼光度法测定 （2）加氯化铵液，火焰原子吸收分光光度法测定	 1.0 以上 2.5 以上	土壤总铬	①
7	锌	土样经盐酸-硝酸-高氯酸（或盐酸-硝酸-氢氟酸-高氯酸）消解后，火焰原子吸收分光光度法测定	0.5 以上	土壤总锌	①、②
8	镍	土样经盐酸-硝酸-高氯酸（或盐酸-硝酸-氢氟酸-高氯酸）消解后，火焰原子吸收分光光度法测定	2.5 以上	土壤总镍	②
9	666 和 DDT	丙酮-石油醚提取，浓硫酸净化，用带电子捕获检测器的气相色谱仪测定	0.005 以上		GB/T 14550—93
10	pH	玻璃电极法（土∶水=1.0∶2.5）	—		②
11	阳离子交换量	乙酸铵法等	—		③

注：分析方法除土壤六六六和滴滴涕有国标外，其他项目待国家方法标准发布后再执行国标，现暂采用下列方法：

①《环境监测分析方法》，1983，城乡建设环境保护部环境保护局；

②《土壤元素的近代分析方法》，1992，中国环境监测总站编，中国环境科学出版社；

③《土壤理化分析》，1978，中国科学院南京土壤研究所编，上海科技出版社。

6 标准的实施

6.1 本标准由各级人民政府环境保护行政主管部门负责监督实施，各级人民政府的有关行政主管部门依照有关法律和规定实施。

6.2 各级人民政府环境保护行政主管部门根据土壤应用功能和保护目标会同有关部门划分本辖区土壤环境质量类别，报同级人民政府批准。

附加说明：

本标准由国家环境保护局科技标准司提出。

本标准由国家环境保护局南京环境科学研究所负责起草，中国科学院地理研究所、北京农业大学、中国科学院南京土壤研究所等单位参加。

本标准主要起草人夏家淇、蔡道基、夏增禄、王宏康、武玫玲、梁伟等。

本标准由国家环境保护局负责解释。

附录二：土壤环境监测技术规范

土壤环境监测技术规范（HJ/T 166—2004）

1　范围

本规范规定了土壤环境监测的布点采样、样品制备、分析方法、结果表征、资料统计和质量评价等技术内容。

本规范适用于全国区域土壤背景、农田土壤环境、建设项目土壤环境评价、土壤污染事故等类型的监测。

2　引用标准

下列标准所包含的条文，通过本规范中引用而构成本规范的条文。本规范出版时，所示版本均为有效。所有标准都会被修订，使用本标准的各方应探讨使用下列标准最新版本的可能性。

GB 6266　土壤中氧化稀土总量的测定　对马尿酸偶氮氯膦分光光度法

GB 7859　森林土壤 pH 测定

GB 8170　数值修约规则

GB 10111　利用随机数骰子进行随机抽样的办法

GB 13198　六种特定多环芳烃测定　高效液相色谱法

GB 15618　土壤环境质量标准

GB/T 1.1　标准化工作导则　第一部分：标准的结构和编写规则

GB/T 14550　土壤质量　六六六和滴滴涕的测定 气相色谱法

GB/T 17134　土壤质量　总砷的测定　二乙基二硫代氨基甲酸银分光光度法

GB/T 17135　土壤质量　总砷的测定　硼氢化钾-硝酸银分光光度法

GB/T 17136　土壤质量　总汞的测定　冷原子吸收分光光度法

GB/T 17137　土壤质量　总铬的测定　火焰原子吸收分光光度法

GB/T 17138　土壤质量　铜、锌的测定　火焰原子吸收分光光度法

GB/T 17140　土壤质量　铅、镉的测定　KI-MIBK 萃取火焰原子吸收分光光度法

GB/T 17141　土壤质量　铅、镉的测定　石墨炉原子吸收分光光度法

JJF 1059　测量不确定度评定和表示

NY/T 395　农田土壤环境监测技术规范

GHZB ××　土壤环境质量调查采样方法导则（报批稿）

GHZB ××　土壤环境质量调查制样方法（报批稿）

3 术语和定义

本规范采用下列术语和定义：

3.1 土壤（soil）

连续覆被于地球陆地表面具有肥力的疏松物质，是随着气候、生物、母质、地形和时间因素变化而变化的历史自然体。

3.2 土壤环境（soil environment）

地球环境由岩石圈、水圈、土壤圈、生物圈和大气圈构成，土壤位于该系统的中心，既是各圈层相互作用的产物，又是各圈层物质循环与能量交换的枢纽。受自然和人为作用，内在或外显的土壤状况称之为土壤环境。

3.3 土壤背景（soil background）

区域内很少受人类活动影响和不受或未明显受现代工业污染与破坏的情况下，土壤原来固有的化学组成和元素含量水平。但实际上目前已经很难找到不受人类活动和污染影响的土壤，只能去找影响尽可能少的土壤。不同自然条件下发育的不同土类或同一种土类发育于不同的母质母岩区，其土壤环境背景值也有明显差异；就是同一地点采集的样品，分析结果也不可能完全相同，因此土壤环境背景值是统计性的。

3.4 农田土壤（soil in farmland）

用于种植各种粮食作物、蔬菜、水果、纤维和糖料作物、油料作物及农区森林、花卉、药材、草料等作物的农业用地土壤。

3.5 监测单元（monitoring unit）

按地形—成土母质—土壤类型—环境影响划分的监测区域范围。

3.6 土壤采样点（soil sampling point）

监测单元内实施监测采样的地点。

3.7 土壤剖面（soil profile）

按土壤特征，将表土竖直向下的土壤平面划分成的不同层面的取样区域，在各层中部位多点取样，等量混匀。或根据研究的目的采取不同层的土壤样品。

3.8 土壤混合样（soil mixture sample）

在农田耕作层采集若干点的等量耕作层土壤并经混合均匀后的土壤样品，组成混合样的分点数要在5～20个。

3.9 监测类型（monitoring type）

根据土壤监测目的，土壤环境监测有4种主要类型：区域土壤环境背景监测、农田土壤环境监测、建设项目土壤环境评价监测和土壤污染事故监测。

4 采样准备

4.1 组织准备

由具有野外调查经验且掌握土壤采样技术规程的专业技术人员组成采样组，采样前组织学习有关技术文件，了解监测技术规范。

4.2 资料收集

收集包括监测区域的交通图、土壤图、地质图、大比例尺地形图等资料，供制作采样工作图和标注采样点位用。

收集包括监测区域土类、成土母质等土壤信息资料。

收集工程建设或生产过程对土壤造成影响的环境研究资料。

收集造成土壤污染事故的主要污染物的毒性、稳定性以及如何消除等资料。

收集土壤历史资料和相应的法律（法规）。

收集监测区域工农业生产及排污、污灌、化肥农药施用情况资料。

收集监测区域气候资料（温度、降水量和蒸发量）、水文资料。

收集监测区域遥感与土壤利用及其演变过程方面的资料等。

4.3 现场调查

现场踏勘，将调查得到的信息进行整理和利用，丰富采样工作图的内容。

4.4 采样器具准备

4.4.1 工具类：铁锹、铁铲、圆状取土钻、螺旋取土钻、竹片以及适合特殊采样要求的工具等。

4.4.2 器材类：GPS、罗盘、照相机、胶卷、卷尺、铝盒、样品袋、样品箱等。

4.4.3 文具类：样品标签、采样记录表、铅笔、资料夹等。

4.4.4 安全防护用品：工作服、工作鞋、安全帽、药品箱等。

4.4.5 采样用车辆

4.5 监测项目与频次

监测项目分常规项目、特定项目和选测项目；监测频次与其相应。

常规项目：原则上为 GB 15618《土壤环境质量标准》中所要求控制的污染物。

特定项目：GB 15618《土壤环境质量标准》中未要求控制的污染物，但根据当地环境污染状况，确认在土壤中积累较多、对环境危害较大、影响范围广、毒性较强的污染物，或者污染事故对土壤环境造成严重不良影响的物质，具体项目由各地自行确定。

选测项目：一般包括新纳入的在土壤中积累较少的污染物、由于环境污染导致土壤性状发生改变的土壤性状指标以及生态环境指标等，由各地自行选择测定。

土壤监测项目与监测频次见表 4-1。监测频次原则上按表 4-1 执行，常规项目可按当地实际适当降低监测频次，但不可低于 5 年一次，选测项目可按当地实际适当提高监测频次。

表 4-1 土壤监测项目与监测频次

项目类别		监测项目	监测频次
常规项目	基本项目	pH、阳离子交换量	每 3 年一次 农田在夏收或秋收后采样
	重点项目	镉、铬、汞、砷、铅、铜、锌、镍、六六六、滴滴涕	
特定项目（污染事故）		特征项目	及时采样，根据污染物变化趋势决定监测频次
选测项目	影响产量项目	全盐量、硼、氟、氮、磷、钾等	每 3 年监测一次 农田在夏收或秋收后采样
	污水灌溉项目	氰化物、六价铬、挥发酚、烷基汞、苯并[*a*]芘、有机质、硫化物、石油类等	
	POPs 与高毒类农药	苯、挥发性卤代烃、有机磷农药、PCB、PAH 等	
	其他项目	结合态铝（酸雨区）、硒、钒、氧化稀土总量、钼、铁、锰、镁、钙、钠、铝、硅、放射性比活度等	

5 布点与样品数容量

5.1 “随机”和“等量”原则

样品是由总体中随机采集的一些个体所组成，个体之间存在变异，因此样品与总体之间，既存在同质的“亲缘”关系，样品可作为总体的代表，但同时也存在着一定程度的异质性的，差异愈小，样品的代表性愈好；反之亦然。为了达到采集的监测样品具有好的代表性，必须避免一切主观因素，使组成总体的个体有同样的机会被选入样品，即组成样品的个体应当是随机地取自总体。另一方面，在一组需要相互之间进行比较的样品应当有同样的个体组成，否则样本多的个体所组成的样品，其代表性会大于样本少的个体组成的样品。所以“随机”和“等量”是决定样品具有同等代表性的重要条件。

5.2 布点方法

5.2.1 简单随机

将监测单元分成网格，每个网格编上号码，决定采样点样品数后，随机抽取规定的样品数的样品，其样本号码对应的网格号，即为采样点。随机数的获得可以利用掷骰子、抽签、查随机数表的方法。关于随机数骰子的使用方法可见 GB 10111《利用随机数骰子进行随机抽样的办法》。简单随机布点是一种完全不带主观限制条件的布点方法。

5.2.2 分块随机

根据收集的资料，如果监测区域内的土壤有明显的几种类型，则可将区域分成几块，每块内污染物较均匀，块间的差异较明显。将每块作为一个监测单元，在每个监测单元内再随机布点。在正确分块的前提下，分块布点的代表性比简单随机布点好，如果分块不正确，分块布点的效果可能会适得其反。

5.2.3 系统随机

将监测区域分成面积相等的几部分（网格划分），每网格内布设一采样点，这种布点称为系统随机布点。如果区域内土壤污染物含量变化较大，系统随机布点比简单随机布点所采样品的代表性要好。

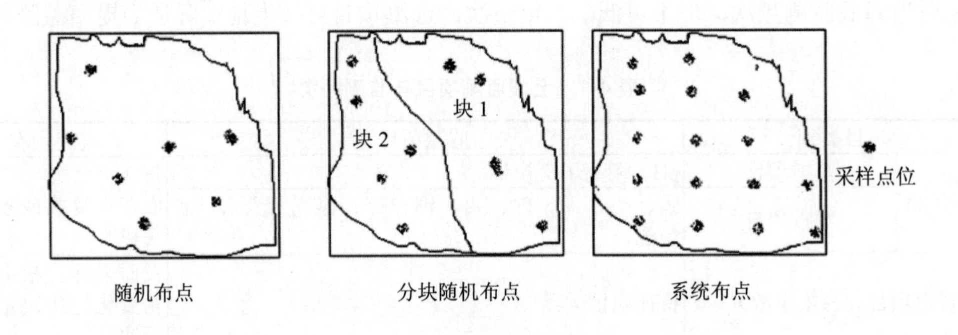

图 5-1 布点方式示意图

5.3 基础样品数量

5.3.1 由均方差和绝对偏差计算样品数

用下列公式可计算所需的样品数：

$$N = t^2 s^2 / D^2$$

式中：N 为样品数；

t 为选定置信水平（土壤环境监测一般选定为 95%）一定自由度下的 t 值（附录 A）；

s^2 为均方差，可从先前的其他研究或者从极差 $R(s^2=(R/4)^2)$估计；

D 为可接受的绝对偏差。

示例：

某地土壤多氯联苯（PCB）的浓度范围 0～13 mg/kg，若 95%置信度时平均值与真值的绝对偏差为 1.5 mg/kg，s 为 3.25 mg/kg，初选自由度为 10，则

$$N = (2.23)^2 (3.25)^2 /(1.5)^2 = 23$$

因为 23 比初选的 10 大得多，重新选择自由度查 t 值计算得：

$$N = (2.069)^2 (3.25)^2 /(1.5)^2 = 20$$

20 个土壤样品数较大，原因是其土壤 PCB 含量分布不均匀（0～13 mg/kg），要降低采样的样品数，就得牺牲监测结果的置信度（如从 95%降低到 90%），或放宽监测结果的置信距（如从 1.5 mg/kg 增加到 2.0 mg/kg）。

5.3.2　由变异系数和相对偏差计算样品数

$N=t^2s^2/D^2$ 可变为：

$$N=t^2 C_V^2/m^2$$

式中：N 为样品数；

t 为选定置信水平（土壤环境监测一般选定为 95%）一定自由度下的 t 值（附录 A）；

C_V 为变异系数，%，可从先前的其他研究资料中估计；

m 为可接受的相对偏差，%，土壤环境监测一般限定为 20%～30%。

没有历史资料的地区、土壤变异程度不太大的地区，一般 C_V 可用 10%～30%粗略估计，有效磷和有效钾变异系数 C_V 可取 50%。

5.4　布点数量

土壤监测的布点数量要满足样本容量的基本要求，即上述由均方差和绝对偏差、变异系数和相对偏差计算样品数是样品数的下限数值，实际工作中土壤布点数量还要根据调查目的、调查精度和调查区域环境状况等因素确定。

一般要求每个监测单元最少设 3 个点。

区域土壤环境调查按调查的精度不同可从 2.5 km、5 km、10 km、20 km、40 km 中选择网距网格布点，区域内的网格节点数即为土壤采样点数量。

农田采集混合样的样点数量见“6.2.2.2 混合样采集”。

建设项目采样点数量见“6.3 建设项目土壤环境评价监测采样”。

城市土壤采样点数量见“6.4 城市土壤采样”。

土壤污染事故采样点数量见“6.5 污染事故监测土壤采样”。

6 样品采集

样品采集一般按三个阶段进行：

前期采样：根据背景资料与现场考察结果，采集一定数量的样品分析测定，用于初步验证污染物空间分异性和判断土壤污染程度，为制定监测方案（选择布点方式和确定监测项目及样品数量）提供依据，前期采样可与现场调查同时进行。

正式采样：按照监测方案，实施现场采样。

补充采样：正式采样测试后，发现布设的样点没有满足总体设计需要，则要进行增设采样点补充采样。

面积较小的土壤污染调查和突发性土壤污染事故调查可直接采样。

6.1 区域环境背景土壤采样

6.1.1 采样单元

采样单元的划分，全国土壤环境背景值监测一般以土类为主，省、自治区、直辖市级的土壤环境背景值监测以土类和成土母质母岩类型为主，省级以下或条件许可或特别工作需要的土壤环境背景值监测可划分到亚类或土属。

6.1.2 样品数量

各采样单元中的样品数量应符合“5.3 基础样品数量”要求。

6.1.3 网格布点

网格间距 L 按下式计算：

$$L = (A / N)^{1/2}$$

式中：L 为网格间距；

A 为采样单元面积；

N 为采样点数（同“5.3 样品数量”）。

A 和 L 的量纲要相匹配，如 A 的单位是 km^2 则 L 的单位就为 km。根据实际情况可适当减小网格间距，适当调整网格的起始经纬度，避开过多网格落在道路或河流上，使样品更具代表性。

6.1.4 野外选点

首先采样点的自然景观应符合土壤环境背景值研究的要求。采样点选在被采土壤类型特征明显的地方，地形相对平坦、稳定、植被良好的地点；坡脚、洼地等具有从属景观特征的地点不设采样点；城镇、住宅、道路、沟渠、粪坑、坟墓附近等处人为干扰大，失去土壤的代表性，不宜设采样点，采样点离铁路、公路至少 300 m 以上；采样点以剖面发育完整、层次较清楚、无侵入体为准，不在水土流失严重或表土被破坏处设采样点；选择不施或少施化肥、农药的地块作为采样点，以使样品点尽可能少受人为活动的影响；不在多种土类、多种母质母岩交错分布、面积较小的边缘地区布设采样点。

6.1.5 采样

采样点可采表层样或土壤剖面。一般监测采集表层土，采样深度 0～20 cm，特殊要求的监测（土壤背景、环评、污染事故等）必要时选择部分采样点采集剖面样品。剖面的规格一般为长 1.5 m，宽 0.8 m，深 1.2 m。挖掘土壤剖面要使观察面向阳，表土和底土分两侧放置。

一般每个剖面采集 A、B、C 三层土样。地下水位较高时，剖面挖至地下水出露时为止；山地丘陵土层较薄时，剖面挖至风化层。

对 B 层发育不完整（不发育）的山地土壤，只采 A、C 两层；

干旱地区剖面发育不完善的土壤，在表层 5～20 cm、心土层 50 cm、底土层 100 cm 左右采样。

水稻土按照 A 耕作层、P 犁底层、C 母质层（或 G 潜育层、W 潴育层）分层采样（图 6-1），对 P 层太薄的剖面，只采 A、C 两层（或 A、G 层或 A、W 层）。

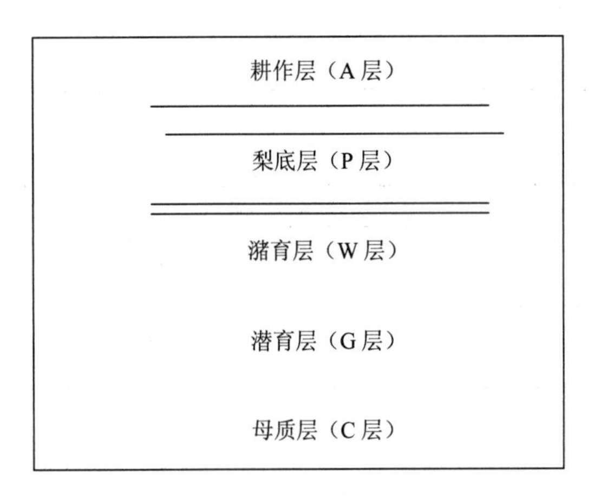

图 6-1　水稻土剖面示意图

对 A 层特别深厚，沉积层不甚发育，一米内见不到母质的土类剖面，按 A 层 5～20 cm、A/B 层 60～90 cm、B 层 100～200 cm 采集土壤。草甸土和潮土一般在 A 层 5～20 cm、C_1 层（或 B 层）50 cm、C_2 层 100～120 cm 处采样。

采样次序自下而上，先采剖面的底层样品，再采中层样品，最后采上层样品。测量重金属的样品尽量用竹片或竹刀去除与金属采样器接触的部分土壤，再用其取样。

剖面每层样品采集 1 kg 左右，装入样品袋，样品袋一般由棉布缝制而成，如潮湿样品可内衬塑料袋（供无机化合物测定）或将样品置于玻璃瓶内（供有机化合物测定）。采样的同时，由专人填写样品标签、采样记录；标签一式两份，一份放入袋中，一份系在袋口，标签上标注采样时间、地点、样品编号、监测项目、采样深度和经纬度。采样结束，需逐项检查采样记录、样袋标签和土壤样品，如有缺项和错误，及时补齐更正。将底土和表土按原层回填到采样坑中，方可离开现场，并在采样示意图上标出采样地点，避免下次在相同处采集剖面样。

标签和采样记录格式见表 6-1 和图 6-2。

表 6-1　土壤样品标签样式

土壤样品标签
样品编号：
采用地点： 　　　东经　　　　北纬
采样层次：
特征描述：
采样深度：
监测项目：
采样日期：
采样人员：

表 6-2　土壤现场记录表

采用地点			东经		北纬	
样品编号			采样日期			
样品类别			采样人员			
采样层次			采样深度（cm）			
样品描述	土壤颜色		植物根系			
	土壤质地		砂砾含量			
	土壤湿度		其他异物			
采样点示意图				自下而上植被描述		

注 1：土壤颜色可采用门塞尔比色卡比色，也可按土壤颜色三角表进行描述。颜色描述可采用双名法，主色在后，副色在前，如黄棕、灰棕等。颜色深浅还可以冠以暗、淡等形容词，如浅棕、暗灰等。

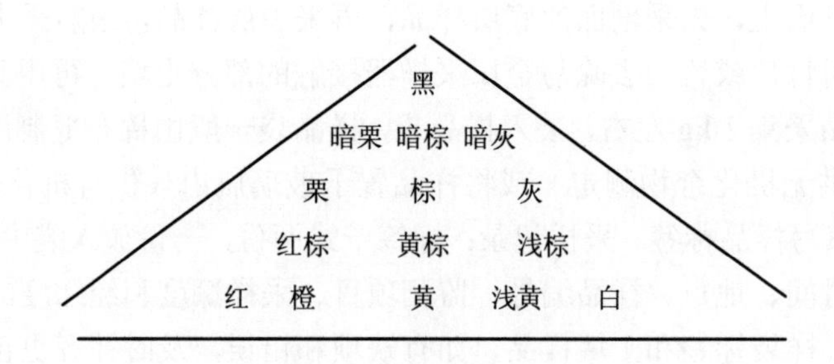

图 6-2　土壤颜色三角表

注 2：土壤质地分为砂土、壤土（砂壤土、轻壤土、中壤土、重壤土）和黏土，野外估测方法为取小块土壤，加水潮润，然后揉搓，搓成细条并弯成直径为 2.5～3 cm 的土环，据土环表现的性状确定质地。

砂土：不能搓成条；

砂壤土：只能搓成短条；

轻壤土：能搓直径为 3 mm 的条，但易断裂；

中壤土：能搓成完整的细条，弯曲时容易断裂；

重壤土：能搓成完整的细条，弯曲成圆圈时容易断裂；

黏土：能搓成完整的细条，能弯曲成圆圈。

注 3：土壤湿度的野外估测，一般可分为五级：

干：土块放在手中，无潮润感觉；

潮：土块放在手中，有潮润感觉；

湿：手捏土块，在土团上塑有手印；

重潮：手捏土块时，在手指上留有湿印；

极潮：手捏土块时，有水流出。

注 4：植物根系含量的估计可分为五级：

无根系：在该土层中无任何根系；

少量：在该土层每 50 cm^2 内少于 5 根；

中量：在该土层每 50 cm^2 内有 5～15 根；

多量：该土层每 50 cm^2 内多于 15 根；

根密集：在该土层中根系密集交织。

注 5：石砾含量以石砾量占该土层的体积百分数估计。

6.2 农田土壤采样

6.2.1 监测单元

土壤环境监测单元按土壤主要接纳污染物途径可划分为：

（1）大气污染型土壤监测单元；

（2）灌溉水污染监测单元；

（3）固体废物堆污染型土壤监测单元；

（4）农用固体废物污染型土壤监测单元；

（5）农用化学物质污染型土壤监测单元；

（6）综合污染型土壤监测单元（污染物主要来自上述两种以上途径）。

监测单元划分要参考土壤类型、农作物种类、耕作制度、商品生产基地、保护区类型、行政区划等要素的差异，同一单元的差别应尽可能地缩小。

6.2.2 布点

根据调查目的、调查精度和调查区域环境状况等因素确定监测单元。部门专项农业产品生产土壤环境监测布点按其专项监测要求进行。

大气污染型土壤监测单元和固体废物堆污染型土壤监测单元以污染源为中心放射状布点，在主导风向和地表水的径流方向适当增加采样点（离污染源的距离远于其他点）；灌溉水污染监测单元、农用固体废物污染型土壤监测单元和农用化学物质污染型土壤监测单元采用均匀布点；灌溉水污染监测单元采用按水流方向带状布点，采样点自纳污口起由密渐疏；综合污染型土壤监测单元布点采用综合放射状、均匀、带状布点法。

6.2.3 样品采集

6.2.3.1 剖面样

特定的调查研究监测需了解污染物在土壤中的垂直分布时采集土壤剖面样，采样方法同 6.1.5。

6.2.3.2 混合样

一般农田土壤环境监测采集耕作层土样，种植一般农作物采 0～20 cm，种植果林类农作物采 0～60 cm。为了保证样品的代表性，减低监测费用，采取采集混合样的方案。每个土壤单元设 3～7 个采样区，单个采样区可以是自然分割的一个田块，也可以由多个田块所构成，其范围以 200 m×200 m 为宜。每个采样区的样品为农田土壤混合样。混合样的采集主要有四种方法：

（1）对角线法：适用于污灌农田土壤，对角线分 5 等份，以等分点为采样分点；

（2）梅花点法：适用于面积较小，地势平坦，土壤组成和受污染程度相对比较均匀的地块，设分点 5 个左右；

（3）棋盘式法：适宜中等面积、地势平坦、土壤不够均匀的地块，设分点 10 个左右；受污泥、垃圾等固体废物污染的土壤，分点应在 20 个以上；

（4）蛇形法：适宜于面积较大、土壤不够均匀且地势不平坦的地块，设分点 15 个左右，多用于农业污染型土壤。各分点混匀后用四分法取 1 kg 土样装入样品袋，多余部分弃去。样品标签和采样记录等要求同 6.1.5。

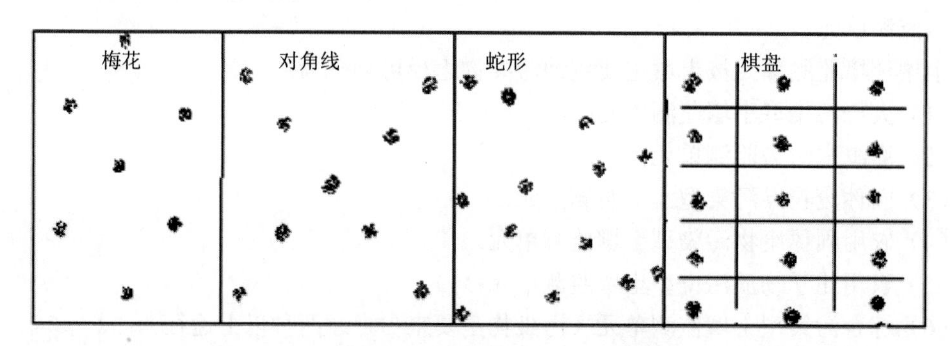

图 6-3 混合土壤采样点布设示意图

6.3 建设项目土壤环境评价监测采样

每 100 公顷占地不少于 5 个且总数不少于 5 个采样点，其中小型建设项目设 1 个柱状样采样点，大中型建设项目不少于 3 个柱状样采样点，特大型建设项目或对土壤环境影响敏感的建设项目不少于 5 个柱状样采样点。

6.3.1 非机械干扰土

如果建设工程或生产没有翻动土层，表层土受污染的可能性最大，但不排除对中下层土壤的影响。生产或者将要生产导致的污染物，以工艺烟雾（尘）、污水、固体废物等形式污染周围土壤环境，采样点以污染源为中心放射状布设为主，在主导风向和地表水的径流方向适当增加采样点（离污染源的距离远于其它点）；以水污染型为主的土壤按水流方向带状布点，采样点自纳污口起由密渐疏；综合污染型土壤监测布点采用综合放射状、均匀、带状布点法。此类监测不采混合样，混合样虽然能降低监测费用，但损失了污染物空间分布的信息，不利于掌握工程及生产对土壤影响状况。

表层土样采集深度 0～20 cm；每个柱状样取样深度都为 100 cm，分取三个土样：表层样（0～20 cm），中层样（20～60 cm），深层样（60～100 cm）。

6.3.2 机械干扰土

由于建设工程或生产中，土层受到翻动影响，污染物在土壤纵向分布不同于非机械干扰土。

采样点布设同 6.3.1。各点取 1 kg 装入样品袋，样品标签和采样记录等要求同 6.1.5。采样总深度由实际情况而定，一般同剖面样的采样深度，确定采样深度有 3 种方法可供参考。

6.3.2.1 随机深度采样

本方法适合土壤污染物水平方向变化不大的土壤监测单元，采样深度由下列公式计算：

$$深度=剖面土壤总深\times RN$$

式中：RN=0～1 之间的随机数。RN 由随机数骰子法产生，GB 10111 推荐的随机数骰子是由均匀材料制成的正 20 面体，在 20 个面上，0～9 各数字都出现两次，使用时根据需产生的随机数的位数选取相应的骰子数，并规定好每种颜色的骰子各代表的位数。对于本规范用一个骰子，其出现的数字除以 10 即为 RN，当骰子出现的数为 0 时规定此时的 RN 为 1。

示例：

土壤剖面深度（H）1.2 m，用一个骰子决定随机数。

若第一次掷骰子得随机数（n_1）6，则

$$RN_1=(n_1)/10=0.6$$
$$采样深度（H_1）= H\cdot RN_1=1.2\times 0.6=0.72（m）$$

即第一个点的采样深度离地面 0.72 m；

若第二次掷骰子得随机数（n_2）3，则

$$RN_2=(n_2)/10=0.3$$
$$采样深度（H_2）= H\cdot RN_2=1.2\times 0.3=0.36（m）$$

即第二个点的采样深度离地面 0.36 m；

若第三次掷骰子得随机数（n_3）8，同理可得第三个点的采样深度离地面 0.96 m；

若第四次掷骰子得随机数（n_4）0，则

$$RN_4=1（规定当随机数为 0 时 RN 取 1）$$
$$采样深度（H_4）= H\cdot RN_4=1.2\times 1=1.2（m）$$

即第四个点的采样深度离地面 1.2 m；

依次类推，直至决定所有点采样深度为止。

6.3.2.2 分层随机深度采样

本采样方法适合绝大多数的土壤采样，土壤纵向（深度）分成三层，每层采一样品，每层的采样深度由下列公式计算：

$$深度=每层土壤深 \times RN$$

式中：RN=0～1 之间的随机数，取值方法同 6.3.2.1 中的 RN 取值。

6.3.2.3 规定深度采样

本采样适合预采样（为初步了解土壤污染随深度的变化，制定土壤采样方案）和挥发性有机物的监测采样，表层多采，中下层等间距采样。

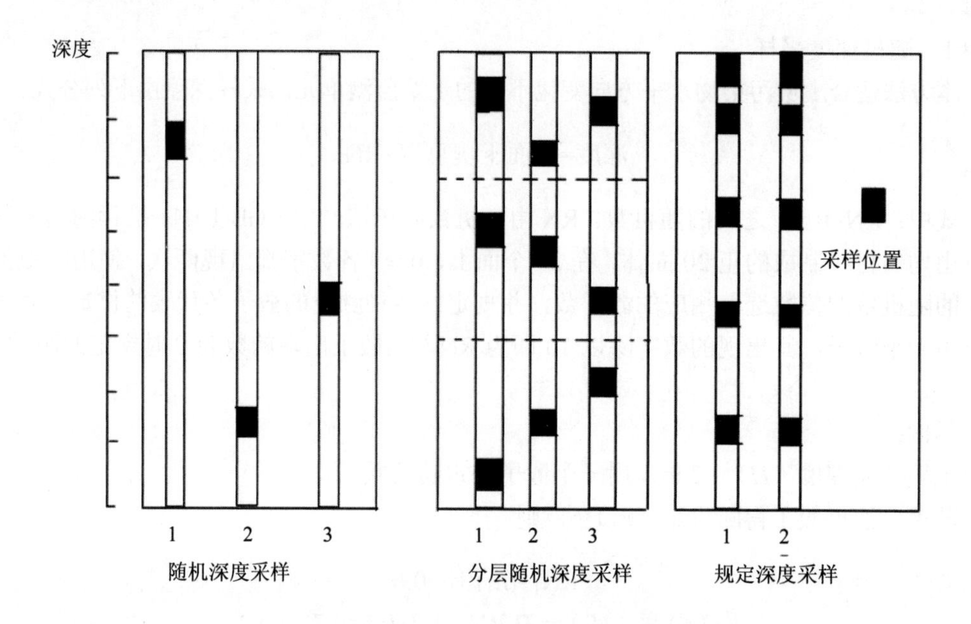

图 6-4 机械干扰土采样方式示意图

6.4 城市土壤采样

城市土壤是城市生态的重要组成部分，虽然城市土壤不用于农业生产，但其环境质量对城市生态系统影响极大。城区内大部分土壤被道路和建筑物覆盖，只有小部分土壤栽植草木，本规范中城市土壤主要是指后者，由于其复杂性分两层采样，上层（0～30 cm）可能是回填土或受人为影响大的部分，另一层（30～60 cm）为人为影响相对较小部分。两层分别取样监测。

城市土壤监测点以网距 2 000 m 的网格布设为主，功能区布点为辅，每个网格设一个采样点。对于专项研究和调查的采样点可适当加密。

6.5 污染事故监测土壤采样

污染事故不可预料，接到举报后立即组织采样。现场调查和观察，取证土壤被污染时间，根据污染物及其对土壤的影响确定监测项目，尤其是污染事故的特征污染物是监测的重点。据污染物的颜色、印渍和气味以及结合考虑地势、风向等因素初步界定污染事故对土壤的污染范围。

如果是固体污染物抛撒污染型，等打扫后采集表层 5 cm 土样，采样点数不少于 3 个。

如果是液体倾翻污染型，污染物向低洼处流动的同时向深度方向渗透并向两侧横向方向扩散，每个点分层采样，事故发生点样品点较密，采样深度较深，离事故发生点相对远处样品点较疏，采样深度较浅。采样点不少于 5 个。

如果是爆炸污染型，以放射性同心圆方式布点，采样点不少于 5 个，爆炸中心采分层样，周围采表层土（0～20 cm）。

事故土壤监测要设定 2～3 个背景对照点，各点（层）取 1 kg 土样装入样品袋，有腐蚀性或要测定挥发性化合物，改用广口瓶装样。含易分解有机物的待测定样品，采集后置于低温（冰箱）中，直至运送、移交到分析室。

7 样品流转

7.1 装运前核对

在采样现场样品必须逐件与样品登记表、样品标签和采样记录进行核对，核对无误后分类装箱。

7.2 运输中防损

运输过程中严防样品的损失、混淆和沾污。对光敏感的样品应有避光外包装。

7.3 样品交接

由专人将土壤样品送到实验室，送样者和接样者双方同时清点核实样品，并在样品交接单上签字确认，样品交接单由双方各存一份备查。

8 样品制备

8.1 制样工作室要求

分设风干室和磨样室。风干室朝南（严防阳光直射土样），通风良好，整洁，无尘，无易挥发性化学物质。

8.2 制样工具及容器

风干用白色搪瓷盘及木盘；

粗粉碎用木锤、木滚、木棒、有机玻璃棒、有机玻璃板、硬质木板、无色聚乙烯薄膜；

磨样用玛瑙研磨机（球磨机）或玛瑙研钵、白色瓷研钵；

过筛用尼龙筛，规格为 2～100 目；

装样用具塞磨口玻璃瓶，具塞无色聚乙烯塑料瓶或特制牛皮纸袋，规格视量而定。

8.3 制样程序

制样者与样品管理员同时核实清点，交接样品，在样品交接单上双方签字确认。

8.3.1 风干

在风干室将土样放置于风干盘中，摊成 2～3 cm 的薄层，适时地压碎、翻动，拣出碎石、砂砾、植物残体。

8.3.2 样品粗磨

在磨样室将风干的样品倒在有机玻璃板上，用木锤敲打，用木滚、木棒、有机玻璃棒再次压碎，拣出杂质，混匀，并用四分法取压碎样，过孔径 0.25 mm（20 目）尼龙筛。过筛后的样品全部置无色聚乙烯薄膜上，并充分搅拌混匀，再采用四分法取其两份，一份交样品库存放，另一份作样品的细磨用。粗磨样可直接用于土壤 pH、阳离子交换量、元素有效态含量等项目的分析。

8.3.3 细磨样品

用于细磨的样品再用四分法分成两份，一份研磨到全部过孔径 0.25 mm（60 目）筛，用于农药或土壤有机质、土壤全氮量等项目分析；另一份研磨到全部过孔径 0.15 mm（100 目）筛，用于土壤元素全量分析。制样过程见图 8-1。

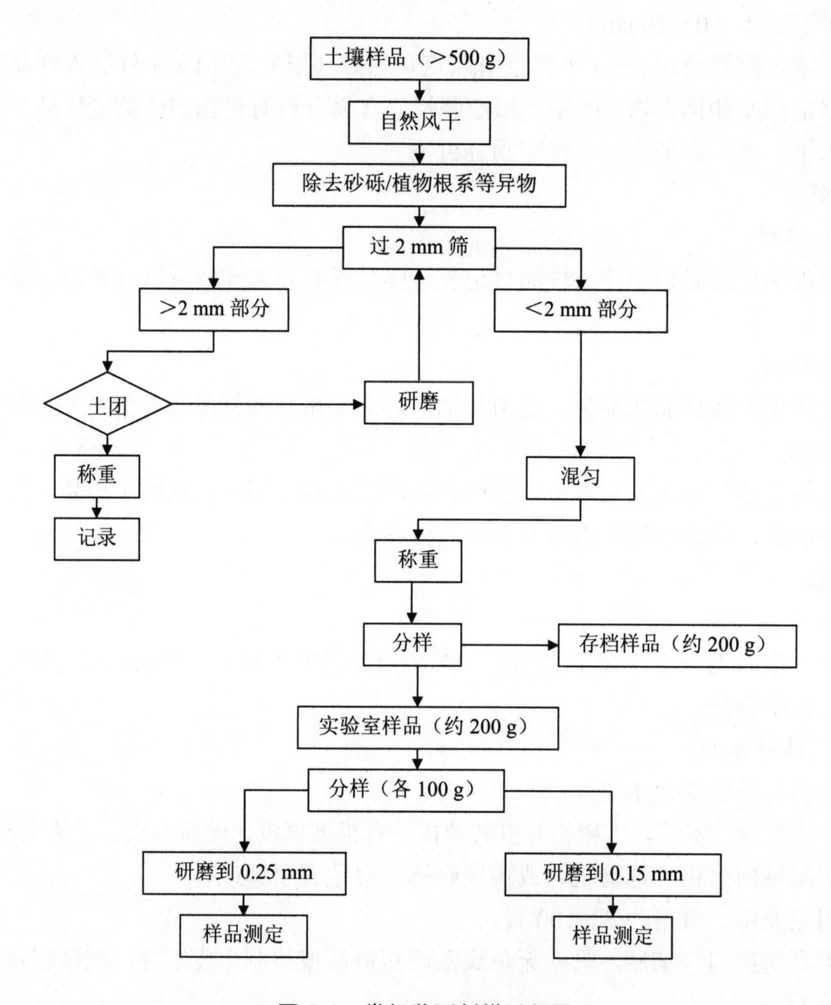

图 8-1 常规监测制样过程图

8.3.4 样品分装

研磨混匀后的样品，分别装于样品袋或样品瓶，填写土壤标签一式两份，瓶内或袋内一份，瓶外或袋外贴一份。

8.3.5 注意事项

制样过程中采样时的土壤标签与土壤始终放在一起，严禁混错，样品名称和编码始终不变；

制样工具每处理一份样后擦抹（洗）干净，严防交叉污染；

分析挥发性、半挥发性有机物或可萃取有机物无需上述制样，用新鲜样按特定的方法进行样品前处理。

9 样品保存

按样品名称、编号和粒径分类保存。

9.1 新鲜样品的保存

对于易分解或易挥发等不稳定组分的样品要采取低温保存的运输方法，并尽快送到实验室分析测试。测试项目需要新鲜样品的土样，采集后用可密封的聚乙烯或玻璃容器在 4℃以下避光保存，样品要充满容器。避免用含有待测组分或对测试有干扰的材料制成的容器盛装保存样品，测定有机污染物用的土壤样品要选用玻璃容器保存。具体保存条件见表 9-1。

表 9-1 新鲜样品的保存条件和保存时间

测试项目	容器材质	温度/℃	可保存时间/d	备注
金属（汞和六价铬除外）	聚乙烯、玻璃	＜4	180	
汞	玻璃	＜4	28	
砷	聚乙烯、玻璃	＜4	180	
六价铬	聚乙烯、玻璃	＜4	1	
氰化物	聚乙烯、玻璃	＜4	2	
挥发性有机物	玻璃（棕色）	＜4	7	采样瓶装满装实并密封
半挥发性有机物	玻璃（棕色）	＜4	10	采样瓶装满装实并密封
难挥发性有机物	玻璃（棕色）	＜4	14	

9.2 预留样品

预留样品在样品库造册保存。

9.3 分析取用后的剩余样品

分析取用后的剩余样品，待测定全部完成数据报出后，也移交样品库保存。

9.4 保存时间

分析取用后的剩余样品一般保留半年，预留样品一般保留 2 年。特殊、珍稀、仲裁、有争议样品一般要永久保存。

新鲜土样保存时间见“9.1 新鲜样品的保存”。

9.5 样品库要求

保持干燥、通风、无阳光直射、无污染；要定期清理样品，防止霉变、鼠害及标签脱落。样品入库、领用和清理均需记录。

10 土壤分析测定

10.1 测定项目

分常规项目、特定项目和选测项目，见“4.5 监测项目与监测频次”。

10.2 样品处理

土壤与污染物种类繁多，不同的污染物在不同土壤中的样品处理方法及测定方法各异。同时要根据不同的监测要求和监测目的，选定样品处理方法。

仲裁监测必须选定《土壤环境质量标准》中选配的分析方法中规定的样品处理方法，

其他类型的监测优先使用国家土壤测定标准，如果《土壤环境质量标准》中没有的项目或国家土壤测定方法标准暂缺项目则可使用等效测定方法中的样品处理方法。样品处理方法见“10.3 分析方法”，按选用的分析方法中规定进行样品处理。

由于土壤组成的复杂性和土壤物理化学性状（pH、Eh 等）差异，造成重金属及其他污染物在土壤环境中形态的复杂和多样性。金属不同形态，其生理活性和毒性均有差异，其中以有效态和交换态的活性、毒性最大，残留态的活性、毒性最小，而其他结合态的活性、毒性居中。部分形态分析的样品处理方法见附录 D。

一般区域背景值调查和《土壤环境质量标准》中重金属测定的是土壤中的重金属全量（除特殊说明，如六价铬），其测定土壤中金属全量的方法见相应的分析方法，其等效方法也可参见附录 D。测定土壤中有机物的样品处理方法见相应分析方法，原则性的处理方法参见附录 D。

10.3 分析方法

10.3.1 第一方法：标准方法（即仲裁方法），按土壤环境质量标准中选配的分析方法（表 10-1）。

10.3.2 第二方法：由权威部门规定或推荐的方法。

10.3.3 第三方法：根据各地实情，自选等效方法，但应作标准样品验证或比对实验，其检出限、准确度、精密度不低于相应的通用方法要求水平或待测物准确定量的要求。

土壤监测项目与分析第一方法、第二方法和第三方法汇总见表 10-2。

表 10-1 土壤常规监测项目及分析方法

监测项目	监测仪器	监测方法	方法来源
镉	原子吸收光谱仪	石墨炉原子吸收分光光度法	GB/T 17141—1997
	原子吸收光谱仪	KI-MIBK 萃取原子吸收分光光度法	GB/T 17140—1997
汞	测汞仪	冷原子吸收法	GB/T 17136—1997
砷	分光光度计	二乙基二硫代氨基甲酸银分光光度法	GB/T 17134—1997
	分光光度计	硼氢化钾-硝酸银分光光度法	GB/T 17135—1997
铜	原子吸收光谱仪	火焰原子吸收分光光度法	GB/T 17138—1997
铅	原子吸收光谱仪	石墨炉原子吸收分光光度法	GB/T 17141—1997
	原子吸收光谱仪	KI-MIBK 萃取原子吸收分光光度法	GB/T 17140—1997
铬	原子吸收光谱仪	火焰原子吸收分光光度法	GB/T 17137—1997
锌	原子吸收光谱仪	火焰原子吸收分光光度法	GB/T 17138—1997
镍	原子吸收光谱仪	火焰原子吸收分光光度法	GB/T 17139—1997
六六六和滴滴涕	气相色谱仪	电子捕获气相色谱法	GB/T 14550—1993
六种多环芳烃	液相色谱仪	高效液相色谱法	GB 13198—91
稀土总量	分光光度计	对马尿酸偶氮氯膦分光光度法	GB 6262
pH	pH 计	森林土壤 pH 测定	GB 7859—87
阳离子交换量	滴定仪	乙酸铵法	①

注：①《土壤理化分析》，1978，中国科学院南京土壤研究所编，上海科技出版社。

表 10-2　土壤监测项目与分析方法

监测项目	推荐方法	等效方法
砷	COL	HG-AAS、HG-AFS、XRF
镉	GF-AAS	POL、ICP-MS
钴	AAS	GF-AAS、ICP-AES、ICP-MS
铬	AAS	GF-AAS、ICP-AES、XRF、ICP-MS
铜	AAS	GF-AAS、ICP-AES、XRF、ICP-MS
氟	ISE	
汞	HG-AAS	HG-AFS
锰	AAS	ICP-AES、INAA、ICP-MS
镍	AAS	GF-AAS、XRF、ICP-AES、ICP-MS
铅	GF-AAS	ICP-MS、XRF
硒	HG-AAS	HG-AFS、DAN 荧光、GC
钒	COL	ICP-AES、XRF、INAA、ICP-MS
锌	AAS	ICP-AES、XRF、INAA、ICP-MS
硫	COL	ICP-AES、ICP-MS
pH	ISE	
有机质	VOL	
PCBs、PAHs	LC、GC	
阳离子交换量	VOL	
VOC	GC、GC-MS	
SVOC	GC、GC-MS	
除草剂和杀虫剂种类　L43	GC、GC-MS、LC	
POPs	GC、GC-MS、LC、LC-MS	

注：ICP-AES：等离子发射光谱；XRF：X-荧光光谱分析；AAS：火焰原子吸收；GF-AAS：石墨炉原子吸收；HG-AAS：氢化物发生原子吸收法；HG-AFS：氢化物发生原子荧光法；POL：催化极谱法；ISE：选择性离子电极；VOL：容量法；POT：电位法；INAA：中子活化分析法；GC：气相色谱法；LC：液相色谱法；GC-MS：气相色谱-质谱联用法；COL：分光比色法；LC-MS：液相色谱-质谱联用法；ICP-MS：等离子体质谱联用法。

11　分析记录与监测报告

11.1　分析记录

分析记录一般要设计成记录本格式，页码、内容齐全，用碳素墨水笔填写翔实，字迹要清楚，需要更正时，应在错误数据（文字）上画一横线，在其上方写上正确内容，并在所画横线上加盖修改者名章或者签字以示负责。

分析记录也可以设计成活页，随分析报告流转和保存，便于复核审查。

分析记录也可以是电子版本式的输出物（打印件）或存有其信息的磁盘、光盘等。

记录测量数据，要采用法定计量单位，只保留一位可疑数字，有效数字的位数应根据计量器具的精度及分析仪器的示值确定，不得随意增添或删除。

11.2　数据运算

有效数字的计算修约规则按 GB 8170 执行。采样、运输、储存、分析失误造成的离群数据应剔除。

11.3 结果表示

平行样的测定结果用平均数表示，一组测定数据用 Dixon 法、Grubbs 法检验剔除离群值后以平均值报出；低于分析方法检出限的测定结果以“未检出”报出，参加统计时按二分之一最低检出限计算。

土壤样品测定一般保留三位有效数字，含量较低的镉和汞保留两位有效数字，并注明检出限数值。分析结果的精密度数据，一般只取一位有效数字，当测定数据很多时，可取两位有效数字。表示分析结果的有效数字的位数不可超过方法检出限的最低位数。

11.4 监测报告

报告名称，实验室名称，报告编号，报告每页和总页数标志，采样地点名称，采样时间、分析时间，检测方法，监测依据，评价标准，监测数据，单项评价，总体结论，监测仪器编号，检出限（未检出时需列出），采样点示意图，采样（委托）者，分析者，报告编制、复核、审核和签发者及时间等内容。

12 土壤环境质量评价

土壤环境质量评价涉及评价因子、评价标准和评价模式。评价因子数量与项目类型取决于监测的目的和现实的经济和技术条件。评价标准常采用国家土壤环境质量标准、区域土壤背景值或部门（专业）土壤质量标准。评价模式常用污染指数法或者与其有关的评价方法。

12.1 污染指数、超标率（倍数）评价

土壤环境质量评价一般以单项污染指数为主，指数小污染轻，指数大污染则重。当区域内土壤环境质量作为一个整体与外区域进行比较或与历史资料进行比较时除用单项污染指数外，还常用综合污染指数。土壤由于地区背景差异较大，用土壤污染累积指数更能反映土壤的人为污染程度。土壤污染物分担率可评价确定土壤的主要污染项目，污染物分担率由大到小排序，污染物主次也同此序。除此之外，土壤污染超标倍数、样本超标率等统计量也能反映土壤的环境状况。污染指数和超标率等计算公式如下：

土壤单项污染指数=土壤污染物实测值/土壤污染物质量标准

土壤污染累积指数=土壤污染物实测值/污染物背景值

土壤污染物分担率（%）=（土壤某项污染指数/各项污染指数之和）×100%

土壤污染超标倍数=（土壤某污染物实测值－某污染物质量标准）/某污染物质量标准

土壤污染样本超标率（%）=（土壤样本超标总数/监测样本总数）×100%

12.2 内梅罗污染指数评价

$$\text{内梅罗污染指数}（P_N）=\{[(PI_{均}^2)+(PI_{最大}^2]/2\}^{1/2}$$

式中：$PI_{均}$和 $PI_{最大}$分别是平均单项污染指数和最大单项污染指数。

内梅罗指数反映了各污染物对土壤的作用，同时突出了高浓度污染物对土壤环境质量的影响，可按内梅罗污染指数，划定污染等级。内梅罗指数土壤污染评价标准见表 12-1。

表 12-1 土壤内梅罗污染指数评价标准

等级	内梅罗污染指数	污染等级
I	$P_N \leqslant 0.7$	清洁（安全）
II	$0.7 < P_N \leqslant 1.0$	尚清洁（警戒线）
III	$1.0 < P_N \leqslant 2.0$	轻度污染
IV	$2.0 < P_N \leqslant 3.0$	中度污染
IV	$P_N > 3.0$	重污染

12.3 背景值及标准偏差评价

用区域土壤环境背景值（x）95%置信度的范围（$x \pm 2S$）来评价：

若土壤某元素监测值 $x_I < x-2S$，则该元素缺乏或属于低背景土壤。

若土壤某元素监测值在 $x \pm 2S$，则该元素含量正常。

若土壤某元素监测值 $x_I > x+2S$，则土壤已受该元素污染，或属于高背景土壤。

12.4 综合污染指数法

综合污染指数（CPI）包含了土壤元素背景值、土壤元素标准（附录 B）尺度因素和价态效应综合影响。其表达式：

$$\mathrm{CPI} = X \cdot (1 + \mathrm{RPE}) + Y \cdot \mathrm{DDMB} / (Z \cdot \mathrm{DDSB})$$

式中：CPI 为综合污染指数，X、Y 分别为测量值超过标准值和背景值的数目，RPE 为相对污染当量，DDMB 为元素测定浓度偏离背景值的程度，DDSB 为土壤标准偏离背景值的程度，Z 为用作标准元素的数目。主要有下列计算过程：

（1）计算相对污染当量（RPE）

$$\mathrm{RPE} = [\sum_{i=1}^{N} (C_i / C_{is})^{1/n}] / N$$

式中：N 是测定元素的数目，C_i 是测定元素 i 的浓度，C_{is} 是测定元素 i 的土壤标准值，n 为测定元素 i 的氧化数。对于变价元素，应考虑价态与毒性的关系，在不同价态共存并同时用于评价时，应在计算中注意高低毒性价态的相互转换，以体现由价态不同所构成的风险差异性。

（2）计算元素测定浓度偏离背景值的程度（DDMB）

$$\mathrm{DDMB} = [\sum_{i=1}^{N} C_i / C_{iB}]^{1/n} / N$$

式中：C_{iB} 是元素 i 的背景值，其余符号同上。

（3）计算土壤标准偏离背景值的程度（DDSB）

$$\mathrm{DDSB} = [\sum_{i=1}^{Z} C_{is} / C_{iB}]^{1/n} / Z$$

式中：Z 为用于评价元素的个数，其余符号的意义同上。

（4）综合污染指数计算（CPI）

（5）评价

用 CPI 评价土壤环境质量指标体系见表 12-2。

表 12-2 综合污染指数（CPI）评价表

X	Y	CPI	评价
0	0	0	背景状态
0	≥1	0<CPI<1	未污染状态，数值大小表示偏离背景值相对程度
≥1	≥1	≥1	污染状态，数值越大表示污染程度相对越严重

$$_{N}T^{X}_{\mathrm{CPI}}(a,b,c\cdots)$$

（6）污染表征

式中，X 是超过土壤标准的元素数目，a、b、c 等是超标污染元素的名称，N 是测定元素的数目，CPI 为综合污染指数。

13 质量保证和质量控制

质量保证和质量控制的目的是为了保证所产生的土壤环境监测资料具有代表性、准确性、精密性、可比性和完整性。质量控制涉及监测的全部过程。

13.1 采样、制样质量控制

布点方法及样品数量见“5 布点与样品容量”。

样品采集及注意事项见“6 样品采集”。

样品流转见“7 样品流转”。

样品制备见“8 样品制备”。

样品保存见“9 样品保存”。

13.2 实验室质量控制

13.2.1 精密度控制

13.2.1.1 测定率

每批样品每个项目分析时均须做 20%平行样品；当 5 个样品以下时，平行样不少于 1 个。

13.2.1.2 测定方式

由分析者自行编入的明码平行样，或由质控员在采样现场或实验室编入的密码平行样。

13.2.1.3 合格要求

平行双样测定结果的误差在允许误差范围之内者为合格。允许误差范围见表 13-1。对未列出允许误差的方法，当样品的均匀性和稳定性较好时，参考表 13-2 的规定。当平行双样测定合格率低于 95%时，除对当批样品重新测定外再增加样品数 10%～20%的平行样，直至平行双样测定合格率大于 95%。

表 13-1 土壤监测平行双样测定值的精密度和准确度允许误差

监测项目	样品含量范围/（mg/kg）	精密度		准确度			适用的分析方法
		室内相对标准偏差/%	室间相对标准偏差/%	加标回收率/%	室内相对误差/%	室间相对误差/%	
镉	＜0.1	±35	±40	75～110	±35	±40	原子吸收光谱法
	0.1～0.4	±30	±35	85～110	±30	±35	
	＞0.4	±25	±30	90～105	±25	±30	
汞	＜0.1	±35	±40	75～110	±35	±40	冷原子吸收法 原子荧光法
	0.1～0.4	±30	±35	85～110	±30	±35	
	＞0.4	±25	±30	90～105	±25	±30	
砷	＜10	±20	±30	85～105	±20	±30	原子荧光法 分光光度法
	10～20	±15	±25	90～105	±15	±25	
	＞20	±15	±20	90～105	±15	±20	
铜	＜20	±20	±30	85～105	±20	±30	原子吸收光谱法
	20～30	±15	±25	90～105	±15	±25	
	＞30	±15	±20	90～105	±15	±20	
铅	＜20	±30	±35	80～110	±30	±35	原子吸收光谱法
	20～40	±25	±30	85～110	±25	±30	
	＞40	±20	±25	90～105	±20	±25	
铬	＜50	±25	±30	85～110	±25	±30	原子吸收光谱法
	50～90	±20	±30	85～110	±20	±30	
	＞90	±15	±25	90～105	±15	±25	
锌	＜50	±25	±30	85～110	±25	±30	原子吸收光谱法
	50～90	±20	±30	85～110	±20	±30	
	＞90	±15	±25	90～105	±15	±25	
镍	＜20	±30	±35	80～110	±30	±35	原子吸收光谱法
	20～40	±25	±30	85～110	±25	±30	
	＞40	±20	±25	90～105	±20	±25	

表 13-2 土壤监测平行双样最大允许相对偏差

含量范围/（mg/kg）	最大允许相对偏差/%
＞100	±5
10～100	±10
1.0～10	±20
0.1～1.0	±25
＜0.1	±30

13.2.2 准确度控制

13.2.2.1 使用标准物质或质控样品

例行分析中，每批要带测质控平行双样，在测定的精密度合格的前提下，质控样测定值必须落在质控样保证值（在 95%的置信水平）范围之内，否则本批结果无效，需重新分析测定。

13.2.2.2 加标回收率的测定

当选测的项目无标准物质或质控样品时，可用加标回收实验来检查测定准确度。

加标率：在一批试样中，随机抽取10%～20%试样进行加标回收测定。样品数不足10个时，适当增加加标比率。每批同类型试样中，加标试样不应小于1个。

加标量：加标量视被测组分含量而定，含量高的加入被测组分含量的0.5～1.0倍，含量低的加 2～3 倍，但加标后被测组分的总量不得超出方法的测定上限。加标浓度宜高，体积应小，不应超过原试样体积的1%，否则需进行体积校正。

合格要求：加标回收率应在加标回收率允许范围之内。加标回收率允许范围见表13-2。当加标回收合格率小于70%时，对不合格者重新进行回收率的测定，并另增加10%～20%的试样作加标回收率测定，直至总合格率大于或等于70%以上。

13.2.3 质量控制图

必测项目应作准确度质控图，用质控样的保证值X与标准偏差S，在95%的置信水平，以X作为中心线、$X\pm2S$作为上下警告线、$X\pm3S$作为上下控制线的基本数据，绘制准确度质控图，用于分析质量的自控。

每批所带质控样的测定值落在中心附近、上下警告线之内，则表示分析正常，此批样品测定结果可靠；如果测定值落在上下控制线之外，表示分析失控，测定结果不可信，检查原因，纠正后重新测定；如果测定值落在上下警告线和上下控制线之间，虽分析结果可接受，但有失控倾向，应予以注意。

13.2.4 土壤标准样品

土壤标准样品是直接用土壤样品或模拟土壤样品制得的一种固体物质。土壤标准样品具有良好的均匀性、稳定性和长期的可保存性。土壤标准物质可用于分析方法的验证和标准化，校正并标定分析测定仪器，评价测定方法的准确度和测试人员的技术水平，进行质量保证工作，实现各实验室内及实验室间，行业之间，国家之间数据可比性和一致性。

我国已经拥有多种类的土壤标准样品，如ESS系列和GSS系列等。使用土壤标准样品时，选择合适的标样，使标样的背景结构、组分、含量水平应尽可能与待测样品一致或近似。如果与标样在化学性质和基本组成差异很大，由于基体干扰，用土壤标样作为标定或校正仪器的标准，有可能产生一定的系统误差。

13.2.5 检测过程中受到干扰时的处理

检测过程中受到干扰时，按有关处理制度执行。一般要求如下：

停水、停电、停气等，凡影响到检测质量时，全部样品重新测定。

仪器发生故障时，可用相同等级并能满足检测要求的备用仪器重新测定。无备用仪器时，将仪器修复，重新检定合格后重测。

13.3 实验室间质量控制

参加实验室间比对和能力验证活动，确保实验室检测能力和水平，保证出具数据的可靠性和有效性。

13.4 土壤环境监测误差源剖析

土壤环境监测的误差由采样误差、制样误差和分析误差三部分组成。

13.4.1 采样误差（SE）

13.4.1.1 基础误差（FE）

由于土壤组成的不均匀性造成土壤监测的基础误差，该误差不能消除，但可通过研磨成小颗粒和混合均匀而减小。

13.4.1.2 分组和分割误差（GE）

分组和分割误差来自土壤分布不均匀性，它与土壤组成、分组（监测单元）因素和分割（减少样品量）因素有关。

13.4.1.3 短距不均匀波动误差（CE1）

此误差产生在采样时，由组成和分布不均匀复合而成，其误差呈随机和不连续性。

13.4.1.4 长距不均匀波动误差（CE2）

此误差有区域趋势（倾向），呈连续和非随机特性。

13.4.1.5 期间不均匀波动误差（CE3）

此误差呈循环和非随机性质，其绝大部分的影响来自季节性的降水。

13.4.1.6 连续选择误差（CE）

连续选择误差由短距不均匀波动误差、长距不均匀波动误差和循环误差组成。

$$CE=CE1+CE2+CE3$$

或表示为 $CE=(FE+GE)+CE2+CE3$

13.4.1.7 增加分界误差（DE）

来自不正确地规定样品体积的边界形状。分界基于土壤沉积或影响土壤质量的污染物的维数，零维为影响土壤的污染物样品全部取样分析（分界误差为零）；一维分界定义为表层样品或减少体积后的表层样品；二维分界定义为上下分层，上下层间有显著差别；三维定义为纵向和横向均有差别。土壤环境采样以一维和二维采集方式为主，即采集土壤的表层样和柱状（剖面）样。三维采集在方法学上是一个难题，划分监测单元使三维问题转化成二维问题。增加分界误差是理念上的。

13.4.1.8 增加抽样误差（EE）

由于理念上的增加分界误差的存在，同时实际采样时不能正确地抽样，便产生了增加抽样误差，该误差不是理念上的而是实际的。

13.4.2 制样误差（PE）

来自研磨、筛分和贮存等制样过程中的误差，如样品间的交叉污染、待测组分的挥发损失、组分价态的变化、贮存样品容器对待测组分的吸附等。

13.4.3 分析误差（AE）

此误差来自样品的再处理和实验室的测定误差。在规范管理的实验室内该误差主要是随机误差。

13.4.4 总误差（TE）

综上所述，土壤监测误差可分为采样误差（SE）、制样误差（PE）和分析误差（AE）三类，通常情况下 SE＞PE＞AE，总误差（TE）可表达为：

$$TE=SE+PE+AE$$

或 $$TE=(CE+DE+EE)+PE+AE$$

即 $$TE=[(FE+GE+CE2+CE3)+DE+EE]+PE+AE$$

13.5 测定不确定度

一般土壤监测对测定不确定度不作要求，但如有必要仍需计算。土壤测定不确定度来源于称样、样品消化（或其他方式前处理）、样品稀释定容、稀释标准及由标准与测定仪器响应的拟合直线。对各个不确定度分量的计算合成得出被测土壤样品中测定组分的标准不确定度和扩展不确定度。测定不确定度的具体过程和方法见国家计量技术规范《测量不确定度评定和表示》(JJF 1059)。

附 录 A

（资料性附录）

t 分布表

df	置信度（%）：1–α/双尾							
	20	40	60	80	90	95	98	99
	置信度（%）：1–α/单尾							
	60	70	80	90	95	97.5	99	99.5
1	0.325	0.727	1.376	3.078	6.314	12.706	31.821	63.657
2	0.289	0.617	1.061	1.886	2.920	4.303	6.965	9.925
3	0.277	0.584	0.978	1.638	2.353	3.182	4.541	5.641
4	0.271	0.569	0.941	1.533	2.132	2.776	3.747	4.064
5	0.267	0.559	0.920	1.476	2.015	2.571	3.365	4.032
6	0.265	0.553	0.906	1.440	1.943	2.447	3.143	3.707
7	0.263	0.549	0.896	1.415	1.895	2.365	2.998	3.499
8	0.262	0.546	0.889	1.397	1.860	2.306	2.896	3.355
9	0.261	0.543	0.883	1.383	1.833	2.262	2.821	3.250
10	0.260	0.542	0.879	1.372	1.812	2.228	2.764	3.169
11	0.260	0.540	0.876	1.363	1.796	2.201	2.718	3.106
12	0.259	0.539	0.873	1.356	1.782	2.179	2.681	3.055
13	0.258	0.538	0.870	1.350	1.771	2.160	2.650	3.012
14	0.258	0.537	0.868	1.345	1.761	2.145	2.624	2.977
15	0.258	0.536	0.866	1.341	1.753	2.131	2.602	2.947
16	0.258	0.535	0.865	1.337	1.746	2.120	2.583	2.921
17	0.257	0.534	0.863	1.333	1.740	2.110	2.567	2.898
18	0.257	0.534	0.862	1.330	1.734	2.101	2.552	2.878
19	0.257	0.533	0.861	1.328	1.729	2.093	2.539	2.861
20	0.257	0.533	0.860	1.325	1.725	2.386	2.528	2.845
21	0.257	0.532	0.859	1.323	1.721	2.080	2.518	2.831
22	0.256	0.532	0.858	1.321	1.717	2.074	2.508	2.819
23	0.256	0.532	0.858	1.319	1.714	2.069	2.500	2.807
24	0.256	0.531	0.857	1.318	1.711	2.064	2.492	2.797
25	0.256	0.531	0.856	1.316	1.708	2.060	2.485	2.787
26	0.256	0.531	0.856	1.315	1.706	2.056	2.479	2.779
27	0.256	0.531	0.855	1.314	1.703	2.052	2.473	2.771
28	0.256	0.530	0.855	1.313	1.701	2.045	2.467	2.763
29	0.256	0.530	0.854	1.311	1.699	2.042	2.462	2.756
30	0.256	0.530	0.854	1.310	1.697	2.021	2.457	2.750
40	0.255	0.529	0.851	1.303	1.684	2.000	2.423	2.704
60	0.254	0.527	0.848	1.296	1.671	1.980	2.390	2.660
120	0.254	0.526	0.845	1.289	1.658	1.960	2.358	2.617
∞	0.253	0.524	0.842	1.282	1.645		2.326	2.576

附 录 B
（资料性附录）
中国土壤分类

中国土壤分类采用六级分类制，即土纲、土类、亚类、土属、土种和变种。前三级为高级分类单元，以土类为主；后三级为基层分类单元，以土种为主。土类是指在一定的生物气候条件、水文条件或耕作制度下形成的土壤类型。将成土过程有共性的土壤类型归成的类称为土纲。全国 40 多个土类归纳为 10 个土纲。

中国土壤分类表

土纲	土类	亚类
铁铝土	砖红壤	砖红壤、暗色砖红壤、黄色砖红壤
	赤红壤	赤红壤、暗色赤红壤、黄色赤红壤、赤红壤性土
	红壤	红壤、暗红壤、黄红壤、褐红壤、红壤性土
	黄壤	黄壤、表潜黄壤、灰化黄壤、黄壤性土
淋溶土	黄棕壤	黄棕壤、粘盘黄棕壤
	棕壤	棕壤、白浆化棕、潮棕壤、棕壤性土
	暗棕壤	暗棕壤、草甸暗棕壤、潜育暗棕壤、白浆化暗棕壤
	灰黑土	淡灰黑土、暗灰黑土
	漂灰土	漂灰土、腐殖质淀积漂灰土、棕色针叶林土、棕色暗针叶林土
半淋溶土	燥红土	
	褐土	褐土、淋溶褐土、石灰性褐土、潮褐土、褐土性土
	土娄土	
	灰褐土	淋溶灰褐土、石灰性灰褐土
钙层土	黑垆土	黑垆土、黏化黑垆土、轻质黑垆土、黑麻垆土
	黑钙土	黑钙土、淋溶黑钙土、草甸黑钙土、表灰性黑钙土
	栗钙土	栗钙土、暗栗钙土、淡栗钙土、草甸栗钙土
	棕钙土	棕钙土、淡棕钙土、草甸棕钙土、松沙质原始棕钙土
	灰钙土	灰钙土、草甸灰钙土、灌溉灰钙土
石膏盐层土	灰漠土	灰漠土、龟裂灰漠土、盐化灰漠土、碱化灰漠土
	灰棕漠土	灰棕漠土、石膏灰棕漠土、碱化灰棕漠土
	棕漠土	棕漠土、石膏棕漠土、石膏盐棕漠土、龟裂棕漠土
半水成土	黑土	黑土、草甸黑土、白浆化黑土、表潜黑土
	白浆土	白浆土、草甸白浆土、潜育白浆土
	潮土	黄潮土、盐化潮土、碱化潮土、褐土化潮土、湿潮土、灰潮土
	砂姜黑土	砂姜黑土、盐化砂姜黑土、碱化砂姜黑土
	灌淤土	
	绿洲土	绿洲灰土、绿洲白土、绿洲潮土
	草甸土	草甸土、暗草甸土、灰草甸土、林灌草甸土、盐化草甸土、碱化草甸土

土纲	土类	亚类
水成土	沼泽土	草甸沼泽土、腐殖质沼泽土、泥炭腐殖质沼泽土、泥炭沼泽土、泥炭土
	水稻土	淹育性（氧化型）水稻土、潴育性（氧化还原型）水稻土、潜育性（还原型）水稻土、漂洗型水稻土、沼泽型水稻土、盐渍型水稻土
盐碱土	盐土	草甸盐土、滨海盐土、沼泽盐土、洪积盐土、残积盐土、碱化盐土
	碱土	草甸碱土、草原碱土、龟裂碱土
岩成土	紫色土	
	石灰土	黑色石灰土、棕色石灰土、黄色石灰土、红色石灰土
	磷质石灰土	磷质石灰土、硬盘磷质石灰土、潜育磷质石灰土、盐渍磷质石灰土
	黄绵土	
	风沙土	
	火山灰土	
高山土	山地草甸土	
	亚高山草甸土	亚高山草甸土、亚高山灌丛草甸土
	高山草甸土	
	亚高山草原土	亚高山草原土、亚高山草甸草原土
	高山草原土	高山草原土、高山草甸草原土
	亚高山漠土	
	高山漠土	
	高山寒冻土	

附 录 C
（资料性附录）
中国土壤水平分布

中国土壤的水平地带性分布，在东部湿润、半湿润区域，表现为自南向北随气温带而变化的规律，热带为砖红壤，南亚热带为赤红壤，中亚热带为红壤和黄壤，北亚热带为黄棕壤，暖温带为棕壤和褐土，温带为暗棕壤，寒温带为漂灰土，其分布与纬度变化基本一致。中国北部干旱、半干旱区域，自东而西干燥度逐渐增加，土壤依次为暗棕壤、黑土、灰色森林土（灰黑土）、黑钙土、栗钙土、棕钙土、灰漠土、灰棕漠土，其分布与经度变化基本一致。

Ⅰ 富铝土区域

$Ⅰ_1$砖红壤带

$Ⅰ_{1(1)}$ 南海诸岛磷质石灰土区

$Ⅰ_{1(2)}$ 琼南砖红壤、水稻土区

$Ⅰ_{1(3)}$ 琼北、雷州半岛砖红壤、水稻土区

$Ⅰ_{1(4)}$ 河口、西双版纳砖红壤、水稻土区

$Ⅰ_2$赤红壤带

$Ⅰ_{2(1)}$ 台湾中、北部山地丘陵赤红壤、水稻土区

$Ⅰ_{2(2)}$ 华南低山丘陵赤红壤、水稻土区

$Ⅰ_{2(3)}$ 珠江三角洲水稻土、赤红壤区

$Ⅰ_{2(4)}$ 文山、德保石灰土、赤红壤区

$Ⅰ_{2(5)}$ 横断山脉南段赤红壤、燥红壤区

$Ⅰ_3$红壤、黄壤带

$Ⅰ_{3(1)}$ 江南山地红壤、黄壤、水稻土区

$Ⅰ_{3(2)}$ 桂中、黔南石灰区、红壤区

$Ⅰ_{3(3)}$ 云南高原红壤、水稻土区

$Ⅰ_{3(4)}$ 江南丘陵红壤、水稻土区

$Ⅰ_{3(5)}$ 鄱阳湖平原水稻土区

$Ⅰ_{3(6)}$ 洞庭湖平原水稻土区

$Ⅰ_{3(7)}$ 四川盆地周围山地、贵州高原黄壤、石灰土、水稻土区

$Ⅰ_{3(8)}$ 四川盆地紫色土、水稻土区

$Ⅰ_{3(9)}$ 成都平原水稻土区

$Ⅰ_{3(10)}$ 察隅、墨脱红壤、黄壤区

$Ⅰ_4$黄棕壤带

$Ⅰ_{4(1)}$ 长江下游平原水稻土区

$Ⅰ_{4(2)}$ 江淮丘陵黄棕壤、水稻土区
$Ⅰ_{4(3)}$ 大别山、大洪山黄棕壤、水稻土区
$Ⅰ_{4(4)}$ 江汉平原水稻土、灰潮土区
$Ⅰ_{4(5)}$ 壤阳谷地黄棕壤、水稻土区
$Ⅰ_{4(6)}$ 汉中、安康盆地黄棕壤区
Ⅱ 硅铝土区域
$Ⅱ_1$ 棕壤、褐土、黑垆土
$Ⅱ_{1(1)}$ 辽东、山东半岛棕壤褐土区
$Ⅱ_{1(2)}$ 黄淮海平原潮土、盐碱土、砂姜黑土区
$Ⅱ_{1(3)}$ 辽河下游平原潮土区
$Ⅱ_{1(4)}$ 秦岭、伏牛山、南阳盆地黄棕壤、黄褐土区
$Ⅱ_{1(5)}$ 华北山地褐土、粗骨褐土山地棕壤土
$Ⅱ_{1(6)}$ 汾、渭谷地潮土、楼土、褐土区
$Ⅱ_{1(7)}$ 黄土高原黄绵土、褐垆土区
$Ⅱ_2$ 暗棕壤、黑土、黑钙土带
$Ⅱ_{2(1)}$ 长白山暗棕壤、暗色草甸土、白浆土区
$Ⅱ_{2(2)}$ 兴安岭暗棕壤、黑土区
$Ⅱ_{2(3)}$ 三江平原暗色草甸土、白浆土、沼泽土区
$Ⅱ_{2(4)}$ 松辽平原东部黑土、白浆土区
$Ⅱ_{2(5)}$ 辽河下游平原灌淤土、风沙土区
$Ⅱ_{2(6)}$ 松辽平原西部黑钙土、暗色草甸土区
$Ⅱ_{2(7)}$ 大兴安岭西部黑钙土、暗栗钙土区
$Ⅱ_3$ 漂灰土带
$Ⅱ_{3(1)}$ 大兴安岭北端漂灰土区
Ⅲ 干旱土区域
$Ⅲ_1$ 栗钙土、棕钙土、灰钙土带
$Ⅲ_{1(1)}$ 内蒙古高原栗钙土、盐碱土、风沙土区
$Ⅲ_{1(2)}$ 阴山、贺兰山棕钙土、栗钙土、灰钙土区
$Ⅲ_{1(3)}$ 河套、银川平原灌淤土、盐碱土区
$Ⅲ_{1(4)}$ 鄂尔多斯高原风沙土、栗钙土、棕钙土区
$Ⅲ_{1(5)}$ 内蒙古高原西部灰钙土、黄绵土区
$Ⅲ_{1(6)}$ 青海高原东部灰钙土、栗钙土区
$Ⅲ_2$ 灰棕漠土带
$Ⅲ_{2(1)}$ 阿拉善高原灰棕漠土、风沙土区
$Ⅲ_{2(2)}$ 准噶尔盆地风沙土、灰漠土、灰棕漠土区
$Ⅲ_{2(3)}$ 北疆山前伊宁盆地灰钙土、灰漠土、绿洲土、盐土区
$Ⅲ_{2(4)}$ 阿尔泰山灰黑土、亚高山草甸土区
$Ⅲ_{2(5)}$ 天山灰褐土、亚高山草甸土、棕钙土区

III_3 棕漠土带

$III_{3(1)}$ 河西走廊灰棕漠、绿洲土区

$III_{3(2)}$ 祁连山及柴达木盆地高山草甸土、棕漠土、盐土区

$III_{3(3)}$ 塔里木盆地、罗布泊棕漠土、风沙土区

$III_{3(4)}$ 塔里木盆地边缘绿洲土、棕钙土、盐土区

Ⅳ 高山土区域

IV_1 亚高山草甸带

$IV_{1(1)}$ 松潘、马尔康高原高山草甸土、沼泽土区

$IV_{1(2)}$ 甘孜、昌都高原亚高山草甸土、亚高山灌丛草甸土区

IV_2 亚高山草原带

$IV_{2(1)}$ 雅鲁藏布河谷山地灌丛草原土、亚高山草甸土区

$IV_{2(2)}$ 中喜马拉雅山北侧亚高山草原土区

$IV_{2(3)}$ 中喜马拉雅山北侧山地灌丛草原土、亚高山草甸土区

IV_3 高山草甸土带

IV_4 高山草原土带

IV_5 高山漠土带

附 录 D

（资料性附录）

土壤样品预处理方法

D.1 全分解方法

D.1.1 普通酸分解法

准确称取 0.5 g（准确到 0.1 mg，以下都与此相同）风干土样于聚四氟乙烯坩埚中，用几滴水润湿后，加入 10 ml HCl（ρ=1.19 g/ml），于电热板上低温加热，蒸发至约剩 5 ml 时加入 15 ml HNO_3（ρ=1.42 g/ml），继续加热蒸至近黏稠状，加入 10 ml HF（ρ=1.15 g/ml）并继续加热，为了达到良好的除硅效果应经常摇动坩埚。最后加入 5 ml $HClO_4$（ρ=1.67 g/ml），并加热至白烟冒尽。对于含有机质较多的土样应在加入 $HClO_4$ 之后加盖消解，土壤分解物应呈白色或淡黄色（含铁较高的土壤），倾斜坩埚时呈不流动的黏稠状。用稀酸溶液冲洗内壁及坩埚盖，温热溶解残渣，冷却后，定容至 100 ml 或 50 ml，最终体积依待测成分的含量而定。

D.1.2 高压密闭分解法

称取 0.5 g 风干土样于内套聚四氟乙烯坩埚中，加入少许水润湿试样，再加入 HNO_3（ρ=1.42 g/ml）、$HClO_4$（ρ=1.67 g/ml）各 5 ml，摇匀后将坩埚放入不锈钢套筒中，拧紧。放在 180℃的烘箱中分解 2 h。取出，冷却至室温后，取出坩埚，用水冲洗坩埚盖的内壁，加入 3 ml HF（ρ=1.15 g/ml），置于电热板上，在 100℃～120℃加热除硅，待坩埚内剩下约 2～3 ml 溶液时，调高温度至 150℃，蒸至冒浓白烟后再缓缓蒸至近干，按 D.1.1 同样操作定容后进行测定。

D.1.3 微波炉加热分解法

微波炉加热分解法是以被分解的土样及酸的混合液作为发热体，从内部进行加热使试样受到分解的方法。目前报道的微波加热分解试样的方法，有常压敞口分解和仅用厚壁聚四氟乙烯容器的密闭式分解法，也有密闭加压分解法。这种方法以聚四氟乙烯密闭容器作内筒，以能透过微波的材料如高强度聚合物树脂或聚丙烯树脂作外筒，在该密封系统内分解试样能达到良好的分解效果。微波加热分解也可分为开放系统和密闭系统两种。开放系统可分解多量试样，且可直接和流动系统相组合实现自动化，但由于要排出酸蒸气，所以分解时使用酸量较大，易受外环境污染，挥发性元素易造成损失，费时间且难以分解多数试样。密闭系统的优点较多，酸蒸气不会逸出，仅用少量酸即可，在分解少量试样时十分有效，不受外部环境的污染。在分解试样时不用观察及特殊操作，由于压力高，所以分解试样很快，不会受外筒金属的污染（因为用树脂做外筒）。可同时分解大批量试样。其缺点是需要专门的分解器具，不能分解量大的试样，如果疏忽会有发生爆炸的危险。在进行土样的微波分解时，无论使用开放系统或密闭系统，一般使用 HNO_3-HCl-HF-$HClO_4$、HNO_3-HF-$HClO_4$、HNO_3-HCl-HF-H_2O_2、HNO_3-HF-H_2O_2 等体系。当不使用 HF 时（限于测定常量元素且称样量小于 0.1 g)，可将分解试样的溶液适当稀释后直接测定。若使用 HF 或 $HClO_4$ 对待测微量元素有干扰时，可将试样分解液蒸至近干，酸化后稀释定容。

D.1.4 碱融法

D.1.4.1 碳酸钠熔融法（适合测定氟、钼、钨）

称取 0.500 0～1.000 0 g 风干土样放入预先用少量碳酸钠或氢氧化钠垫底的高铝坩埚中（以充满坩埚底部为宜，以防止熔融物黏底），分次加入 1.5～3.0 g 碳酸钠，并用圆头玻璃棒小心搅拌，使与土样充分混匀，再放入 0.5～1 g 碳酸钠，使平铺在混合物表面，盖好坩埚盖。移入马弗炉中，于 900～920℃熔融 0.5 h。自然冷却至 500℃左右时，可稍打开炉门（不可开缝过大，否则高铝坩埚骤然冷却会开裂）以加速冷却，冷却至 60～80℃用水冲洗坩埚底部，然后放入 250 ml 烧杯中，加入 100 ml 水，在电热板上加热浸提熔融物，用水及 HCl（1+1）将坩埚及坩埚盖洗净取出，并小心用 HCl（1+1）中和、酸化（注意盖好表面皿，以免大量 CO_2 冒泡引起试样的溅失），待大量盐类溶解后，用中速滤纸过滤，用水及 5%HCl 洗净滤纸及其中的不溶物，定容待测。

D.1.4.2 碳酸锂-硼酸、石墨粉坩埚熔样法（适合铝、硅、钛、钙、镁、钾、钠等元素分析）

土壤矿质全量分析中土壤样品分解常用酸溶剂，酸溶试剂一般用氢氟酸加氧化性酸分解样品，其优点是酸度小，适用于仪器分析测定，但对某些难熔矿物分解不完全，特别对铝、钛的测定结果会偏低，且不能测定硅（已被除去）。

碳酸锂-硼酸在石墨粉坩埚内熔样，再用超声波提取熔块，分析土壤中的常量元素，速度快，准确度高。

在 30 ml 瓷坩埚内充满石墨粉，置于 900℃高温电炉中灼烧半小时，取出冷却，用乳钵棒压一空穴。准确称取经 105℃烘干的土样 0.200 0 g 于定量滤纸上，与 1.5 g Li_2CO_3-H_3BO_3（Li_2CO_3：H_3BO_3=1：2）混合试剂均匀搅拌，捏成小团，放入瓷坩埚内石墨粉洞穴中，然后将坩埚放入已升温到 950℃的马弗炉中，20 min 后取出，趁热将熔块投入盛有 100 ml 4%硝酸溶液的 250 ml 烧杯中，立即于 250W 功率清洗槽内超声（或用磁力搅拌），直到熔块完全溶解；将溶液转移到 200 ml 容量瓶中，并用 4%硝酸定容。吸取 20 ml 上述样品液移入 25 ml 容量瓶中，并根据仪器的测量要求决定是否需要添加基体元素及添加浓度，最后用 4%硝酸定容，用光谱仪进行多元素同时测定。

D.2 酸溶浸法

D.2.1 HCl-HNO_3 溶浸法

准确称取 2.000 g 风干土样，加入 15 ml 的 HCl（1+1）和 5 ml HNO_3（ρ=1.42 g/ml），振荡 30 min，过滤定容至 100 ml，用 ICP 法测定 P、Ca、Mg、K、Na、Fe、Al、Ti、Cu、Zn、Cd、Ni、Cr、Pb、Co、Mn、Mo、Ba、Sr 等。

或采用下述溶浸方法：准确称取 2.000 g 风干土样于干烧杯中，加少量水润湿，加入 15 ml HCl（1+1）和 5 ml HNO_3（ρ=1.42 g/ml）。盖上表面皿于电热板上加热，待蒸发至约剩 5 ml，冷却，用水冲洗烧杯和表面皿，用中速滤纸过滤并定容至 100 ml，用原子吸收法或 ICP 法测定。

D.2.2 HNO_3-H_2SO_4-$HClO_4$ 溶浸法

方法特点是 H_2SO_4、$HClO_4$ 沸点较高，能使大部分元素溶出，且加热过程中液面比较平静，没有迸溅的危险。但 Pb 等易与 SO_4^{2-}形成难溶性盐类的元素，测定结果偏低。操作步骤是：准确称取 2.500 0 g 风干土样于烧杯中，用少许水润湿，加入 HNO_3-H_2SO_4-$HClO_4$ 混合酸（5∶1∶20）12.5 ml，置于电热板上加热，当开始冒白烟后缓缓加热，并经常摇动烧杯，蒸发至近干。冷却，加入 5 ml HNO_3（ρ=1.42 g/ml）和 10 ml 水，加热溶解可溶性盐类，用中速滤纸过滤，定容至 100 ml，待测。

D.2.3 HNO_3 溶浸法

准确称取 2.000 0 g 风干土样于烧杯中，加少量水润湿，加入 20 ml HNO_3（ρ=1.42 g/ml）。盖上表面皿，置于电热板或砂浴上加热，若发生迸溅，可采用每加热 20 min 关闭电源 20 min 的间歇加热法。待蒸发至约剩 5 ml，冷却，用水冲洗烧杯壁和表面皿，经中速滤纸过滤，将滤液定容至 100 ml，待测。

D.2.4 Cd、Cu、As 等的 0.1 mol/L HCl 溶浸法

土壤中 Cd、Cu、As 的提取方法，其中 Cd、Cu 操作条件是：准确称取 10.000 0 g 风干土样于 100 ml 广口瓶中，加入 0.1 mol/L HCl 50.0 ml，在水平振荡器上振荡。振荡条件是温度 30℃、振幅 5～10 cm、振荡频次 100～200 次/min，振荡 1 h。静置后，用倾斜法分离出上层清液，用干滤纸过滤，滤液经过适当稀释后用原子吸收法测定。

As 的操作条件是：准确称取 10.000 0 g 风干土样于 100 ml 广口瓶中，加入 0.1 mol/L HCl 50.0 ml，在水平振荡器上振荡。振荡条件是温度 30℃、振幅 10 cm、振荡频次 100 次/min，振荡 30 min。用干滤纸过滤，取滤液进行测定。

除可用 0.1 mol/L HCl 溶浸 Cd、Cu、As 以外，还可溶浸 Ni、Zn、Fe、Mn、Co 等重金属元素。0.1 mol/L HCl 溶浸法是目前使用最多的酸溶浸方法，此外也有使用 CO_2 饱和的水、0.5 mol/L KCl-HAc（pH=3）、0.1 mol/L $MgSO_4$-H_2SO_4 等酸性溶浸方法。

D.3 形态分析样品的处理方法

D.3.1 有效态的溶浸法

D.3.1.1 DTPA 浸提

DTPA（二乙三胺五乙酸）浸提液可测定有效态 Cu、Zn、Fe 等。浸提液的配制：其成分为 0.005 mol/L DTPA、0.01 mol/L $CaCl_2$、0.1 mol/L TEA（三乙醇胺）。称取 1.967 g DTPA 溶于 14.92 g TEA 和少量水中；再将 1.47 g $CaCl_2 \cdot 2H_2O$ 溶于水，一并转入 1 000 ml 容量瓶中，加水至约 950 ml，用 6 mol/L HCl 调节 pH 至 7.30（每升浸提液约需加 6 mol/L HCl 8.5 ml），最后用水定容。贮存于塑料瓶中，几个月内不会变质。浸提手续：称取 25.00 g 风干过 20 目筛的土样放入 150 ml 硬质玻璃三角瓶中，加入 50.0 ml DTPA 浸提剂，在 25℃用水平振荡机振荡提取 2 h，干滤纸过滤，滤液用于分析。DTPA 浸提剂适用于石灰性土壤和中性土壤。

D.3.1.2 0.1 mol/L HCl 浸提

称取 10.00 g 风干过 20 目筛的土样放入 150 ml 硬质玻璃三角瓶中，加入 50.0 ml 1 mol/L HCl 浸提液，用水平振荡器振荡 1.5 h，干滤纸过滤，滤液用于分析。酸性土壤适合用 0.1 mol/L HCl 浸提。

D.3.1.3 水浸提

土壤中有效硼常用沸水浸提，操作步骤：准确称取 10.00 g 风干过 20 目筛的土样于

250 ml 或 300 ml 石英锥形瓶中，加入 20.0 ml 无硼水。连接回流冷却器后煮沸 5 min，立即停止加热并用冷却水冷却。冷却后加入 4 滴 0.5 mol/L $CaCl_2$ 溶液，移入离心管中，离心分离出清液备测。

关于有效态金属元素的浸提方法较多，例如：有效态 Mn 用 1 mol/L 乙酸铵-对苯二酚溶液浸提。有效态 Mo 用草酸-草酸铵（24.9 g 草酸铵与 12.6 g 草酸溶解于 1 000 ml 水中）溶液浸提，固液比为 1∶10。硅用 pH 4.0 的乙酸-乙酸钠缓冲溶液、0.02 mol/L H_2SO_4、0.025% 或 1%的柠檬酸溶液浸提。酸性土壤中有效硫用 H_3PO_4-HAc 溶液浸提，中性或石灰性土壤中有效硫用 0.5 mol/L $NaHCO_3$ 溶液（pH8.5）浸提。用 1 mol/L NH_4Ac 浸提土壤中有效钙、镁、钾、钠以及用 0.03 mol/L NH_4F-0.025 mol/L HCl 或 0.5 mol/L $NaHCO_3$ 浸提土壤中有效态磷等。

D.3.2 碳酸盐结合态、铁-锰氧化结合态等形态的提取

D.3.2.1 可交换态

浸提方法是在 1 g 试样中加入 8 ml $MgCl_2$ 溶液（1 mol/L $MgCl_2$，pH7.0）或者乙酸钠溶液（1 mol/L NaAc，pH8.2），室温下振荡 1 h。

D.3.2.2 碳酸盐结合态

经 3.2.1 处理后的残余物在室温下用 8 ml 1 mol/L NaAc 浸提，在浸提前用乙酸把 pH 调至 5.0，连续振荡，直到估计所有提取的物质全部被浸出为止（一般用 8 h 左右）。

D.3.2.3 铁锰氧化物结合态

浸提过程是在经 3.2.2 处理后的残余物中，加入 20 ml 0.3 mol/L $Na_2S_2O_3$、0.175 mol/L 柠檬酸钠、0.025 mol/L 柠檬酸混合液，或者用 0.04 mol/L $NH_2OH \cdot HCl$ 在 20%（*V*/*V*）乙酸中浸提。浸提温度为（96±3）℃，时间可自行估计，到完全浸提为止，一般在 4 h 以内。

D.3.2.4 有机结合态

在经 3.2.3 处理后的残余物中，加入 3 ml 0.02 mol/L HNO_3、5 ml 30%H_2O_2，然后用 HNO_3 调节 pH 至 pH=2，将混合物加热至（85±2）℃，保温 2 h，并在加热中间振荡几次。再加入 3 ml 30%H_2O_2，用 HNO_3 调至 pH=2，再将混合物在（85±2）℃加热 3 h，并间断地振荡。冷却后，加入 5 ml 3.2 mol/L 乙酸铵 20%（*V*/*V*）HNO_3 溶液，稀释至 20 ml，振荡 30 min。

D.3.2.5 残余态

经 D.3.2.1～D.3.2.4 四部分提取之后，残余物中将包括原生及次生的矿物，它们除了主要组成元素之外，也会在其晶格内夹杂、包藏一些痕量元素，在天然条件下，这些元素不会在短期内溶出。残余态主要用 HF-$HClO_4$ 分解，主要处理过程参见土壤全分解方法之普通酸分解法。

上述各形态的浸提都在 50 L 聚乙烯离心试管中进行，以减少固态物质的损失。在互相衔接的操作之间，用 10 000 r/min（12 000 g 重力加速度）离心处理 30 min，用注射器吸出清液，分析痕量元素。残留物用 8 ml 去离子水洗涤，再离心 30 min，弃去洗涤液，洗涤水要尽量少用，以防止损失可溶性物质，特别是有机物的损失。离心效果对分离影响较大，要切实注意。

D.4 有机污染物的提取方法

D.4.1 常用有机溶剂

D.4.1.1 有机溶剂的选择原则

根据相似相溶的原理，尽量选择与待测物极性相近的有机溶剂作为提取剂。提取剂必须与样品能很好地分离，且不影响待测物的纯化与测定；不能与样品发生作用，毒性低、价格便宜；此外，还要求提取剂沸点范围在45℃～80℃之间为好。

还要考虑溶剂对样品的渗透力，以便将土样中待测物充分提取出来。当单一溶剂不能成为理想的提取剂时，常用两种或两种以上不同极性的溶剂以不同的比例配成混合提取剂。

D.4.1.2 常用有机溶剂的极性

常用有机溶剂的极性由强到弱的顺序为：（水）；乙腈；甲醇；乙酸；乙醇；异丙醇；丙酮；二氧六环；正丁醇；正戊醇；乙酸乙酯；乙醚；硝基甲烷；二氯甲烷；苯；甲苯；二甲苯；四氯化碳；二硫化碳；环己烷；正己烷（石油醚）和正庚烷。

D.4.1.3 溶剂的纯化

纯化溶剂多用重蒸馏法。纯化后的溶剂是否符合要求，最常用的检查方法是将纯化后的溶剂浓缩100倍，再用与待测物检测相同的方法进行检测，无干扰即可。

D.4.2 有机污染物的提取

D.4.2.1 振荡提取

准确称取一定量的土样（新鲜土样加1～2倍量的无水Na_2SO_4或$MgSO_4 \cdot H_2O$搅匀，放置15～30 min，固化后研成细末），转入标准口三角瓶中加入约2倍体积的提取剂振荡30 min，静置分层或抽滤、离心分出提取液，样品再分别用1倍体积提取液提取2次，分出提取液，合并，待净化。

D.4.2.2 超声波提取

准确称取一定量的土样（或取30.0 g新鲜土样加30～60 g无水Na_2SO_4混匀）置于400 ml烧杯中，加入60～100 ml提取剂，超声振荡3～5 min，真空过滤或离心分出提取液，固体物再用提取剂提取2次，分出提取液合并，待净化。

D.4.2.3 索氏提取

本法适用于从土壤中提取非挥发及半挥发有机污染物。

准确称取一定量土样或取新鲜土样20.0 g加入等量无水Na_2SO_4研磨均匀，转入滤纸筒中，再将滤纸筒置于索氏提取器中。在有1～2粒干净沸石的150 ml圆底烧瓶中加100 ml提取剂，连接索氏提取器，加热回流16～24 h即可。

D.4.2.4 浸泡回流法

用于一些与土壤作用不大且不易挥发的有机物的提取。

D.4.2.5 其他方法

近年来，吹扫蒸馏法（用于提取易挥发性有机物）、超临界提取法（SFE）都发展很快。尤其是SFE法由于其快速、高效、安全性（不需任何有机溶剂），因而是具有很好发展前途的提取法。

D.4.3 提取液的净化

使待测组分与干扰物分离的过程为净化。当用有机溶剂提取样品时，一些干扰杂质可能与待测物一起被提取出，这些杂质若不除掉将会影响检测结果，甚至使定性定量无法进行，严重时还可使气相色谱的柱效减低、检测器沾污，因而提取液必须经过净化处理。净化的原则是尽量完全除去干扰物，而使待测物尽量少损失。常用的净化方法为：

D.4.3.1 液-液分配法

液-液分配的基本原理是在一组互不相溶的溶剂中对溶解某一溶质成分，该溶质以一定的比例分配（溶解）在溶剂的两相中。通常把溶质在两相溶剂中的分配比称为分配系数。在同一组溶剂对中，不同的物质有不同的分配系数；在不同的溶剂对中，同一物质也有着不同的分配系数。利用物质和溶剂对之间存在的分配关系，选用适当的溶剂通过反复多次分配，便可使不同的物质分离，从而达到净化的目的，这就是液-液分配净化法。采用此法进行净化时一般可得较好的回收率，不过分配的次数须是多次方可完成。

液-液分配过程中若出现乳化现象，可采用如下方法进行破乳：①加入饱和硫酸钠水溶液，以其盐析作用而破乳；②加入硫酸（1+1），加入量从 10 ml 逐步增加，直到消除乳化层，此法只适于对酸稳定的化合物；③离心机离心分离。

液-液分配中常用的溶剂对有：乙腈-正己烷；*N*,*N*-二甲基甲酰胺（DMF）-正己烷；二甲亚砜-正己烷等。通常情况下正己烷可用廉价的石油醚（60℃～90℃）代替。

D.4.3.2 化学处理法

用化学处理法净化能有效地去除脂肪、色素等杂质。常用的化学处理法有酸处理法和碱处理法。

D.4.3.2.1 酸处理法

用浓硫酸或硫酸（1+1）：发烟硫酸直接与提取液（酸与提取液体积比 1∶10）在分液漏斗中振荡进行磺化，以除掉脂肪、色素等杂质。其净化原理是脂肪、色素中含有碳-碳双键，如脂肪中不饱和脂肪酸和叶绿素中含一双键的叶绿醇等，这些双键与浓硫酸作用时产生加成反应，所得的磺化产物溶于硫酸，这样便使杂质与待测物分离。

这种方法常用于强酸条件下稳定的有机物如有机氯农药的净化，而对于易分解的有机磷、氨基甲酸酯农药则不可使用。

D.4.3.2.2 碱处理法

一些耐碱的有机物如农药艾氏剂、狄氏剂、异狄氏剂可采用氢氧化钾-助滤剂柱代替皂化法。提取液经浓缩后通过柱净化，用石油醚洗脱，有很好的回收率。

D.4.3.3 吸附柱层析法

主要有氧化铝柱、弗罗里硅土柱、活性炭柱等。

参考文献

[1] 吴启堂．环境土壤学．北京：中国农业出版社，2011.

[2] 多克辛．土壤优控污染物监测方法．北京：中国环境科学出版社，2012.

[3] 刘凤枝，刘潇威．土壤和固体废弃物监测分析技术．北京：化学工业出版社，2007.

[4] 江冶，陈素兰．电感耦合等离子体质谱法分析土壤及沉积物中的 32 个微量元素．地质学刊，2010，34（4）：415-418.

[5] 李天杰．土壤环境学//土壤环境污染防治与土壤生态保护．北京：高等教育出版社，1995.

[6] 戴树桂．环境化学．北京：高等教育出版社，1997.

[7] 王红旗，刘新会，李国学．土壤环境学．北京：高等教育出版社，2007.

[8] 何振立．污染及有益元素的土壤化学平衡．北京：中国环境科学出版社，1998.

[9] 国家环境保护总局．水和废水监测分析方法（第四版）．2002.

[10] 王立，汪正范．色谱分析样品处理．北京：化学工业出版社，2006.

[11] Pueyo M，Lopex-Sanchez J F，Rauret G. Assessment of $CaCl_2$，$NaNO_3$ and NH_4NO_3 Extraction Procedures for the Study of Cd，Cu，Pb and Zn Extractability in Contaminated Soils. Analytica Chimica Acta，2004，504：217-226.

[12] Ordinance Relating to Impacts on the Soil（OIS）of 1 July 1998. SR 814.12. The Swiss Federal Council.

[13] Commentary on the Ordinace of 1 July 1998 relating to impacts on the soil（OIS）. 2001. Swiss Agency for the Environment，Forest and Landscape（SAEFL）.

[14] 齐文启，孙宗光．日本土壤环境质量标准的制定．上海环境科学，1997，16（3）：4-6.

[15] 鲍士旦．土壤农业化学分析（第三版）．北京：中国农业出版社，2000.

[16] 国家环境保护总局．全国土壤污染状况调查样品采集（保存）技术规定（环发[2006]129 号）．2006.

[17] 国家环境保护总局．全国土壤污染状况调查样品分析测试技术规定（环发[2006]165 号）．2006.

[18] 国家环境保护总局．全国土壤污染状况调查质量保证技术规定（环发[2006]161 号）．2006.

[19] 环境保护部．全国土壤污染状况评价技术规定（环发[2008]39 号）．2008.

[20] GB 15618—1995：土壤环境质量标准.

[21] HJ/T 166—2004：土壤环境监测技术规范.

[22] EPA 8270D—2007：气相色谱质谱法测定半挥发性有机物.

[23] EPA 3545：加速溶剂萃取法.

[24] EPA 3640：凝胶渗透净化法.

[25] ISO 11074：2005.Soil quality-Vocabulary.

[26] 陈怀满，郑春荣，周东美，等．土壤环境质量研究回顾与讨论．农业环境科学学报，2006，25（4）：821-827，32-35.

[27] 王国庆，骆永明，宋静，等．土壤环境质量指导值与标准研究 I ——国际动态及中国的修订考虑．土壤学报，2005，42（4）：666-673.

[28] 周国华，秦绪文，董岩翔．土壤环境质量标准的制定原则与方法．地质通报，2005，24（8）：721-727.

[29] Byrns G，Crane M. Assessment Risks to Ecosystems from Land Contamination. Environmental Agency. R&D Technical Report P299.Bristol，UK. 2002.

[30] EC. Technical Guidance Document on Risk Assessment Part Ⅲ. EuropeanCommission. EUR 20418 EN/32003.

[31] 刘凤枝，师荣光．耕地土壤重金属污染评价技术研究．农业环境科学学报，2006，25（2）：422- 426.

[32] 刘世梁，傅伯杰，刘国华．我国土壤质量及其评价研究的进展．土壤通报，2006，37（1）：137-143.

[33] 袁建新，王云．我国土壤环境质量标准现存问题及建议．中国环境监测，2000，16（5）：41-44.

[34] 夏家淇，骆永明．我国土壤环境质量研究几个值得探讨的问题．生态与农村环境学报，2007，23（1）：1-6.

[35] 魏复盛，陈静生，吴燕玉，等．中国土壤元素背景值．北京：中国环境科学出版社，1990：87-99，334-335.

[36] 章海波，骆永明，李志博．土壤环境质量指导值与标准研究Ⅲ——污染土壤的生态风险评估．土壤学报，2007，44（2）：343-349.

[37] 骆永明．污染土壤修复技术研究现状与趋势．化学进展，2009，21（2/3）：558- 565.

[38] 孟凡乔，史雅娟，吴文良，等．我国无污染农产品重（类）金属元素土壤环境质量标准的制定与研究进展．农业环境保护，2000，19（6）：356-359.

[39] 石俊仙，郜翻身，何江．土壤环境质量铅镉基准值的研究综述．中国土壤与肥料，2006（3）：10-15.

[40] Posthuma L，Klok C，VijverM G，et al. Ecotoxicological Models forDutch Environmental Policy. Nat ional Institute for Public Health andEnvironment（RIVM）．RIVM.

[41] 齐文启，孙宗光，李国刚．日本土壤环境质量标准的制定．上海环境科学，1997，16（3）：4-6.

[42] 魏复盛，陈静生．中国土壤背景值研究．环境科学，1991，12（4）：12-19.

[43] 夏家淇．土壤环境质量标准详解．北京：中国环境科学出版社，1996：11-22.

[44] 熊毅．中国土壤．北京：科学出版社，1987.

[45] 魏复盛．土壤元素的近代分析．北京：中国环境科学出版社，1992.

[46] EPA. Preparation of soil sampling protocols：sampling techniques and strategies，section 2. 1992.

[47] M.R.Carter. Soil sampling and methods of analysis，Canadian Society of Soil Science. Lewis Publishers，1993.

[48] 陈怀满．土壤中化学物质的行为与环境质量．北京：科学出版社，2002.

[49] 日本环境省．土壤污染对策法施行规则．平成 14 年．